KEKAO ZHIXINGLU
GEWU ZHIZHI PIAN

科考知行录

格物致知篇

主编 秦奎伟

北京理工大学出版社
BEIJING INSTITUTE OF TECHNOLOGY PRESS

版权专有　侵权必究

图书在版编目（CIP）数据

科考知行录. 格物致知篇／秦奎伟主编. —北京：北京理工大学出版社，2019.9（2025.5 重印）

ISBN 978-7-5682-7649-8

Ⅰ.①科⋯　Ⅱ.①秦⋯　Ⅲ.①科学考察-中国-文集　Ⅳ.①N82-53

中国版本图书馆 CIP 数据核字（2019）第 221482 号

出版发行 ／	北京理工大学出版社有限责任公司
社　　址 ／	北京市海淀区中关村南大街 5 号
邮　　编 ／	100081
电　　话 ／	（010）68914775（办公室）
	（010）82562903（教材售后服务热线）
	（010）68948351（其他图书服务热线）
网　　址 ／	http：//www.bitpress.com.cn
经　　销 ／	全国各地新华书店
印　　刷 ／	廊坊市印艺阁数字科技有限公司
开　　本 ／	710 毫米 × 1000 毫米　1/16
印　　张 ／	17.75
字　　数 ／	275 千字
版　　次 ／	2019 年 9 月第 1 版　2025 年 5 月第 2 次印刷
定　　价 ／	72.00 元

责任编辑／武丽娟
文案编辑／武丽娟
责任校对／周瑞红
责任印制／李志强

图书出现印装质量问题，请拨打售后服务热线，本社负责调换

科考知行录
格物致知篇
编委会

主　编：秦奎伟

副主编：赵东旭　李艳菊　李玉娟

编　委：（以姓氏拼音排序）

白云飞	关尚京	黄梓璇	兰　非
李盼盼	李小龙	李祎祎	刘昌昊
刘惠康	刘奇奇	陆江坤	马小岚
任　浩	沈　睿	孙欣欣	童薪宇
王　迪	吴　月	武睿鹏	徐子瑜
许祖强	杨文娟	张国栋	张淼鑫
张琼文	张婷婷	张晓娇	张晓宇
张壹心	张　宇	赵　亮	赵天扬

序 言

"生态文明"是指人类社会在改造自然、造福自身的过程中为实现人与自然和谐所付出的努力及其获得的全部积极成果。十八大报告指出："建设生态文明，是关系人民福祉、关乎民族未来的长远大计。面对资源约束趋紧、环境污染严重、生态系统退化的严峻形势，必须树立尊重自然、顺应自然、保护自然的生态文明理念，把生态文明建设放在突出地位，融入经济建设、政治建设、文化建设、社会建设各方面和全过程，努力建设美丽中国，实现中华民族永续发展。"这一重要论述，反映了党对人类社会发展规律、对社会主义建设规律认识的再深化，标志着我们党对经济社会可持续发展规律、自然资源永续利用规律和生态环境规律的认识进入了一个新的境界。十九大报告再次强调："建设生态文明是中华民族永续发展的千年大计。必须树立和践行绿水青山就是金山银山的理念，坚持节约资源和保护环境的基本国策，像对待生命一样对待生态环境，统筹山水林田湖草系统治理，实行最严格的生态环境保护制度，形成绿色发展方式和生活方式，坚定走生产发展、生活富裕、生态良好的文明发展道路，建设美丽中国，为人民创造良好生产生活环境，为全球生态安全作出贡献。"作为当代大学生应切实肩负起时代和历史的责任，以生态文明为发展导向，把我国建设成富强民主文明和谐美丽的社会主义现代化强国！

社会实践是素质教育的重要组成部分，也是倡导学生在读书学习的同时走出课堂、服务社会的举措。社会生活和社会实践就是无字之书，对于大学生的成长和成才具有同等重要的意义。参加社会实践不仅可以学到丰富的课外知识，也可以把课堂理论知识同社会实践联系起来，加深对课堂学习内容的理解。更重要的是，社会实践既可以很好地培养和锻炼大学生的实践能力，又可以加深大学生对社会的了解，培养大学生的社会责任感。作为砥砺心性的重要教育手段，社会实践已然成了当前促进大学生群体思想成长和素质提升的一种重要手段。

在北京理工大学的社会实践中，有这样一个响亮的品牌，十余年来它见证过祖国的大河湿地、西北戈壁、沙漠绿洲和热带雨林，也曾远赴大洋彼岸感受过北美生态，这就是生命学院在全校各部门支持下，凝聚十余年心血全力打造的"探索自然、服务社会、感受文化、孕育创新"的学生主题社会实践活动——"生态科考"。自2004年起，生态科考伴随着以生命学院为主的无数科考团员一起走过十余个春秋，足迹遍布国内外，不仅使一批又一批生态科考队员得到锻炼，也为我国生态文明建设作出了诸多贡献。

2015年，生态科考队凝练十余年成果，打造出"中国典型湿地发展影响因素探究之旅——基于对山东、宁夏、云南三省十年生态科考的思考"这一作品，获得"挑战杯"国家级特等奖的辉煌成就，期间无数人为之挥洒过辛勤的汗水。生态科考已经成为一种精神，而这种精神必将继续传承，激励无数后来人参与其中，从而让更多人能够为我国的生态文明建设贡献自己的力量。

2016年，北京理工大学生命学院生态科考队的目的地设在了俄罗斯首都莫斯科，科考队代表北京理工大学出访莫斯科的最高学府——国立莫斯科罗曼诺索夫大学。这是继2010年赴加拿大生态科考之后的又一次国际生态科考，此次科考开启了北京理工大学与莫斯科大学交流的大门，是生态科考国际化的重要一步，也是生态科考转向内涵式发展的重要标志。

2017年，生态科考队再次出发，聚焦"一带一路""精准扶贫""红色精神"等主题，分赴江西赣州、山西方山、陕西延安等地开展生态考察，分别围绕地区水质状况、土壤理化性质、植被种植、黄龙病治理等自科类课题以及"精准扶贫""一带一路""红色精神""三农问题"等多个国内热点社科类课题进行考察，通过实地采样、问卷调访、部门座谈等形式获取第一手资料并撰写成文，对当地的生态发展及与生态相关的产业发展和社会问题提出建议。本书集中展示了科考队员们的调研成果，通过每篇课题论文的展示以期对科考地生态文明建设提供一定的参考。

目录

第一章 生态科考之自科类论文成果 001

赣南地区气候对黄龙病的影响分析 / 005
不同健康状况的脐橙土壤与黄龙病的关系 / 014
一种快速检测黄龙病PCR方法的建立 / 025
基于传统分离培养方法与16S rDNA扩增对柑橘木虱内生菌的探究 / 035
寻乌县东江水功能区水质现状及保护机制调研 / 043
赣南地区柑橘木虱防治措施的研究 / 051
江西省不同地区与不同健康状况的脐橙内生菌的分离 / 058
柑橘黄龙病检测 / 073
国内外柑橘黄龙病防治方法研究和对比 / 079
江西赣南地区柑橘黄龙病的概况及其与土壤肥料的关系 / 091
方山县地表水质量监测及改善建议 / 101
土壤理化特性对林药间作药用植物品质的影响及适栽药材品种选择 / 111
山西省吕梁方山农田、林地土壤的理化性质分析及其
　　生产作物类型的调研 / 121
延安苹果园等地不同作物土壤质量状况及提升分析研究 / 131
延河流域水质污染现状分析与评价研究 / 146
治沟造地进程中土壤理化性质指标调研 / 156

第二章 163 生态科考之社科类论文成果

精准扶贫战略下教育扶贫现状 / 166

瑞金市红色旅游现状分析及发展对策研究 / 172

赣州市寻乌县精准扶贫依托油茶产业发展调研 / 177

赣南地区果业林业发展调查报告 / 184

精准扶贫下贫困村的老龄化问题及社会保障现状调研 / 195

方山县蔬菜大棚产业链调查及其发展对策 / 206

浅析方山县刘家庄村光伏发电扶贫项目 / 214

以延安市苹果产业的发展看当地农业的转型升级 / 221

红色教育视野下延安精神对大学生时代教育意义的探析 / 230

"一带一路"视野下的西安战略地位及其实现路径探析 / 238

附　录

问卷1："一带一路"背景下当代大学生对延安精神的认知、继承与实践 / 251

问卷2：对"一带一路"倡议及其发展的了解水平调查问卷 / 254

问卷3：当代大学生对"一带一路"倡议的了解情况 / 257

问卷4：The questionnaire about "The Belt and Road" / 260

专业名词解释 / 262

Chapter 01

第一章
生态科考之自科类论文成果

引 言

本次生态科考共形成了16篇自然科学类文章，其中涉及地区水质状况、土壤理化性质、植被种植、黄龙病治理等多个研究方向。生态科考的三个队伍均采集了科考地的水样和土样，并结合各自的研究课题从不同方面进行分析总结。

科考队对当地水质进行了分析测定，水样检测主要包括测定水质的pH、COD、磷酸、总氮和总磷含量、余氯等指标。其中，山西队的张婷婷对吕梁方山横泉水库和北川河的水质进行了采样分析，并考察了方山县地表水质的状况，结果发现大部分地区总氮的含量过高，均在5~10之间，远远高于地表水的Ⅴ类≤2的标准。而且总硬度的变化范围过大，其中横泉水库、桥沟村、武回庄村、来堡村及大武镇地区北川河中南部及南部的水域的硬度均较大，长期饮用将不利于身体健康；此外，多数地区还检测出重金属，如果金属类检测项目超过标准限度，对灌溉及饮用均不利。结果分析表明，方山县地表水水质存在着一定的问题，可能会对人类的身体健康造成一定的影响，因此需要对横泉水库和北川河等地继续进行水质监控和治理。而江西队的马小岚和兰非则分别对东江、章江以及贡江的三处水域进行了水质测定，考察表明取样检测数据基本符合当地对应的要求，水质良好，符合用水标准。但这其中仍有提升的空间，水质污染只是得到了控制，各级部门仍需努力，在巩固治理成果的基础上，努力突破，全面提升水质状况。此外，陕西队的杨文娟还对延河流域的水质进行了检测分析，考察采用单因子污染指数、水污染指数和菌落总数测定对延河的5个断面进行水质分析和污染评价，结果表明延河水的主要污染物为氨氮、总磷、总氮和细菌类污染。延河上游水质较好，中下游的主要污染断面为宝塔山和朱家沟。相关部门应加大治理力度，严格落实水资源管理"三条红线"管控制度，并对水质进行实时监控，以缓解延安市的水资源紧缺和水域污染等问题。

其次，队员们还对科考地的土壤进行了采集和理化性质分析。山西队的李祎祎对多处林地和农田的土壤进行了采样，并将其进行比较。检测结果表明方山县具有发展农、林、牧各业生产的基础，但土壤质量仍有待改善，可采取措施进一步改善土壤、适当拓宽生产作物类型，以促进其生态、经济综合发展。山西队的张晓娇的实验结果表明方山县的土壤由北到南含水量呈下降趋势，土壤整体偏碱性或弱碱性，部分土地呈现强碱性，土壤肥力较弱，而且土地干旱瘠薄，雨量强度大且集中，水土流失较为严重。为改善当地生态经济综合效益，提出了经济林+药材、天然次生林+药材和灌木林+药材3种林药间作模式，并探讨了其适生药材品种和栽培中应注意的问题。

江西队的赵天扬和黄梓璇通过对江西不同地区土壤以及肥料与黄龙病之间关系的研究，得出如下结论：柑橘黄龙病也会导致柑橘树体黄化，虽然实验数据并未表明土壤中相关因素与黄龙病有直接的关联，但施肥改土能有效增强柑橘对黄龙病的抵抗能力。通过科学施肥、改良土壤，增强树体"体质"，树木就会相应增强免疫力，黄龙病也进而会得到比较好的预防，因而在种植过程中要注重科学施肥。此外，土壤磷酸根含量对于抑制黄龙病发生也有明显差异，其中将土壤中的磷酸根含量控制在2mg/L以上有利于抑制柑橘黄龙病的发生。陕西队徐子瑜的研究方向是分析治沟造地工程给土壤理化性质带来的影响。对未整治区域和整治后种植各种作物的土壤，采用对角线取样的方法进行样品采集，对比分析后，结果表明整治后土壤中微生物种类数目较多，土样矿物质含量、TDS均高于整治前土样，溶解氧波动较大，整治后土样中NH_4^+、全氮含量要高于整治前土样，P含量差别不大。此外，陕西队的许祖强对延安市南沟村和后孔家沟村的果园土壤进行了采集，而且每个取样点设置阳面和阴面进行分别取样，结果表明，尽管延安当地气候条件等对果树生长有着得天独厚的优势，但是其土壤问题却一直是果树产量和质量的瓶颈，土壤中存在的有机质含量问题一直存在，含水量问题同样也是其存在的问题，土壤肥力低下及缺乏、土壤有机质低是制约延安苹果产业优化提升的主要障碍。大部分果区有机肥源不足，偏施化肥，造成土壤板结、有机质匮乏，生产能力下降，果品质量提升难度大。

除了对水质和土壤进行考察研究外，科考队还对黄龙病问题进行了细致的考察和研究。柑橘黄龙病是危害柑橘产业的一种毁灭性病害。据不完全调查，目前大约有1亿棵柑橘树感染柑橘黄龙病。柑橘发病后，枝梢变黄并引起整株黄化，长势衰退。感染黄龙病初期，部分新梢叶片出现黄化；而后1~2年全株即发病；发病后期，新梢细小、皱褶、抽生困难，叶片逐渐脱落，枝条由顶部向下枯死直至整株树死亡。江西队的李小龙和吴月对柑橘木虱内生菌与黄龙病的关系进行了研究，结果表明内生菌与黄龙病具有较大的联系，具有很大的潜在研究价值。江西队的张琼文通过对赣南地区气候对黄龙病的影响分析，得出结论：冬季气温偏高从一定程度上助长了柑橘木虱的生长程度，导致黄龙病暴发；低温天数影响木虱生存；夏季降雨偏多会促进木虱繁殖。从不同纬度区域病情差异性分析结果看出，赣南地区由南往北随着纬度的增加，柑橘黄龙病的发病程度逐渐降低。此外，江西队的陆江坤对检测黄龙病的PCR方法进行了研究，成功地总结出了一种快速检测黄龙病病原的PCR方法（MT=55℃，16S rDNA=1200bp）。该方法能较灵敏特异地检测出未显示症状的黄龙病病株。江西队的武瑞鹏和赵亮对黄龙病的治理方法进行了对比，调查结果表明柑橘黄龙病染病树的检测工作目前还不够完善，检测方法比较单一，大多为田间诊断法，且主观性较强，准确率不高。而早期诊断到黄龙病病原菌的存在是抑制黄龙病暴发的重要方面之一。通过微芽嫁接培育无毒苗木并移栽至大棚统一管理，及时打药，可使黄龙病造成的危害降至最低。选择生态条件适宜的隔离地区建立果园、种植良种无病苗等也是防治黄龙病的良好方法。

赣南地区气候对黄龙病的影响分析

张琼文

北京理工大学生命学院，北京 100081

摘　要：调研分析赣南地区的气候因素对黄龙病的影响，并针对分析所得结论，为赣南地区黄龙病的防治献计献策。走访当地政府部门获得相关信息与数据，结合文献分析，得出相应结论。地区气候类型、季节气候条件（冬季气温、夏季降雨量）、纬度、海拔地形等因素都会对柑橘木虱的生长产生一定影响。当地应时刻关注气候变化，做好预防工作，并充分了解地形气候，营造有利防控条件，此外还应加强监控，加强各部门之间数据的共享交流，以预防黄龙病再次爆发。

关键词：赣南地区　气候条件　柑橘木虱　黄龙病

1 引言

1.1 赣州市气候

江西属亚热带季风气候区，四季分明，全年雨量充沛，光照充足。春季平均气温为17.3℃，多受南支槽影响，天气复杂多变。近50年来春季平均气温呈上升趋势，特别是20世纪90年代初以来，增温明显。夏季平均气温为27.6℃，近50年来平均气温呈下降趋势，6~7月上旬降水集中，暴雨、大暴雨造成了洪涝或内涝。而在雨季结束后，受西太平洋副热带高压控制，常常发生伏旱。秋季平均气温为19℃，近50年来秋季平均气温呈上升趋势，特别是20世纪90年代中期以来，秋季平均气温上升明显。冬季平均气温为7.2℃，近

50年来冬季平均气温呈上升趋势，特别是20世纪80年代后期开始，冬季增温显著。

1.2 赣州市气象检测

赣州市除市区外设立了17个县，国家在各县统一建设了共17个气象自动监测站，此外，赣州市政府还在各个乡镇额外建设了数百个区域气象自动监测站，对各方面气候进行检测。

赣州市气象局还在果园里设立了50个监测站，其中有41个5要素的监测站和9个13要素的监测站。其中5要素是指气候监测的5个基本要素：大气温度、相对湿度、降水量、风向和风速；13要素相对5要素增添了一些梯度，如对坡顶、坡谷、坡腰小气候等的数据监测，以更加契合脐橙种植的监测需求。但是13要素的监测站对维护管理的要求相对较高，2010年建成后仅使用了两三年，由于维护管理经费不足等原因已出现故障，其余5要素的监测站正常使用。

1.3 赣州市黄龙病概况

1.3.1 黄龙病概述

赣南地区温润多雨、光照充足、昼夜温差大的特点尤其适合柑橘作物的生长，因此柑橘种植逐渐发展成为赣南地区的支柱型产业，赣南脐橙的飞速发展在树立赣南形象的同时也带动了当地相关产业的发展，推动了地区脱贫工作的进度。但是，从2013年开始，柑橘黄龙病开始大面积在赣南地区爆发，使得整个脐橙产业损失惨重，给当地的经济和社会造成了重大的影响。

黄龙病是一种由韧皮部内寄生的革兰氏阴性细菌引起的疾病，能够侵染包括柑橘属、枳属、金橘属和九里香等在内的多种芸香科植物。柑橘植物一旦感染这种疾病，最直观的表现就是叶子枯黄、果树挂果率下降，同时产出的果实又小又酸，而此时果树的根系已经腐烂并将最终导致果树的死亡。目前来说，全世界还没有找到治疗这种疾病的有效方法，果树一旦感染黄龙病最好的方法就是砍除，否则只会增加健康树的染病概率，因此黄龙病也被人们称作"柑橘癌症"。针对黄龙病，当地制定的战略是"不可治，但是可防可控"，因为黄龙病的传播途径主要为柑橘木虱，所以控制木虱数量也就成为防治黄龙病最关键的一步。

1.3.2 赣州市柑橘黄龙病染病情况

赣州市2012年开始出现黄龙病后,政府就高度重视,各部门全力防控,投入资金5.2亿元,至2016年年底砍伐病株4 100万株。2013年赣州市柑橘黄龙病病株率高达19.7%,染病柑橘类植株高达1 825万株,2016年赣州市柑橘黄龙病病株率为7.21%,染病柑橘类植株为570万株。根据业内标准,染病率5%以下为低度流行,经过近5年的整治,黄龙病的整体蔓延得到抑制。

图1为赣州市2012—2016年黄龙病染病情况。

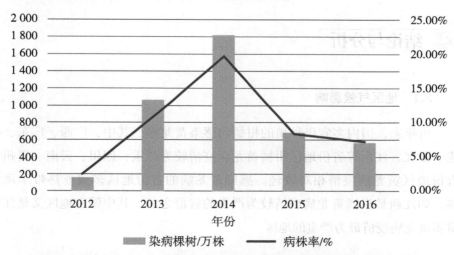

图1 赣州市2012—2016年黄龙病染病情况(数据来源:赣州市果业局)

2 研究方法

2.1 实地考察法

考察地点:会昌县石门村、安远县鹤子镇、寻乌县文峰乡、寻乌县澄江镇等。

考察方式:实地调查、测量、采样,后期分析处理。

2.2 访问调查法

访问对象:赣州市柑橘研究所、安远县果业局、寻乌县果业局、寻乌县气象局等部门及当地脐橙种植户。

访谈方式：一对一访谈、集体访谈。

2.3 文献分析法

收集、鉴别、整理国内外相关文献，并通过对文献的研究，了解气候对脐橙的影响因素，并根据实地调研情况进行归纳总结。

3 结论与分析

3.1 地区气候影响

历年来，国内多省市种植的柑橘均感染黄龙病，其中，广西、广东、福建、浙江、江西等省份地区柑橘黄龙病疫情较为严重，四川、云南、贵州等省份地区黄龙病疫情相对较轻。感染黄龙病的省份地区多属亚热带季风气候，如江西是柑橘黄龙病疫情较为严重的省份之一，其中赣南地区又是江西柑橘黄龙病疫情最为严重的地区。

3.2 季节影响

3.2.1 冬季

（1）天气寒冷不利于木虱越冬。

柑橘木虱的适宜温度为-6℃~30℃，因此温度过高或者温度过低都会对其产生不利影响。但是2012年冬季以及2013年冬季赣南地区平均气温明显偏高，这为木虱的越冬提供了有利条件。

2012年江西省10~12月全省平均气温为13.6℃，较常年同期平均偏低0.1℃，其中赣北偏低0.3℃、赣中偏低0.1℃、赣南偏高0.4℃。

2013年江西省1~3月全省平均气温为10.4℃，较常年同期平均偏高1.6℃，为历史同期第三高位，其中赣北偏高1.3℃、赣中偏高1.9℃、赣南偏高2.3℃。1~3月全省平均气温分别为6.3℃、9.9℃、15.0℃，较常年同期相比，1、2月分别偏高0.2℃、1.6℃，3月偏高3.0℃，为历史同期第一高位。

2014年江西省1~3月全省平均气温为10.0℃，较常年同期平均偏高1.2℃，为历史同期第八高位，其中赣北9.4℃，偏高1.3℃；赣中9.9℃，偏高1.2℃；赣南11.7℃，偏高0.8℃。

冬季气温偏高在一定程度上助长了柑橘木虱的生长程度，导致黄龙病暴发。

（2）低温天数影响木虱生存。

低温天气不利于柑橘木虱越冬，零度持续天数与柑橘木虱死亡率有明显关联。零度以下持续2个星期以上的地区，柑橘木虱的死亡率达100%；零度以下持续10天的地区，柑橘木虱的死亡率超90%；持续1个星期的地区，柑橘木虱的死亡率为80%~90%。

柑橘木虱的卵和若虫的抗寒能力较弱，在日平均气温15℃以上的12月，园间仍可见少量卵和若虫，当日平均温度低于6.5℃持续4天时，若虫就会死亡，卵就不能孵化。赣州地区常年12月日平均温度低于6.5℃的天数达9天以上，所以卵和若虫难以安全过冬。

（3）冬季温度呈上升趋势。

图2为赣州市历年极端最低气温变化趋势。

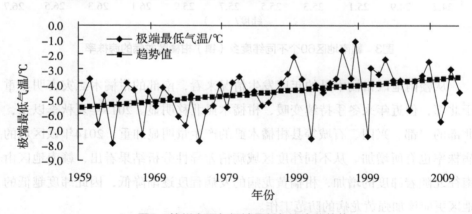

图2　赣州市历年极端最低气温变化趋势

赣州市冬季极端气温呈上升趋势，近20年上升趋势越发明显，有利于柑橘木虱的越冬。由于温度提高，木虱发生的代数也会相应提高，从而助长木虱种群繁殖。

3.2.2　夏季

赣州地区夏季受台风影响，往往会出现持续阴雨天气。2013年降雨量与常年同期相比，赣东北及赣南中南部偏多0%~25%，局部偏多25%以上。4~6月各月平均降水量分别为200.9mm、258.4mm、273.7mm，4月偏少10%，5月偏多12%，6月偏少2%。5月正值柑橘夏梢之时，此时降雨偏多会导致柑橘夏梢旺盛，这就为柑橘木虱提供了充足的食物，可促进其繁殖。

3.3 纬度影响

纬度对气候会产生一定影响，纬度越高，太阳直射角相对越小，因此气温也会相应较低。气候气温对柑橘木虱的生长情况会产生一定影响，而黄龙病主要靠柑橘木虱在果园传播，所以柑橘木虱的生长程度决定了黄龙病的生长程度，进而得出纬度通过影响气候而间接影响柑橘黄龙病的生长程度。

图3为赣南地区60个不同纬度乡（镇）柑橘黄龙病的病株率。

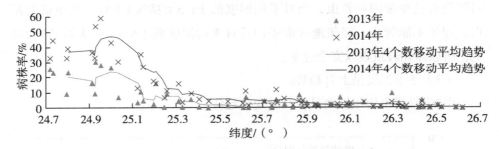

图3　赣南地区60个不同纬度乡（镇）柑橘黄龙病的病株率

从赣南地区柑橘木虱的年度发生情况来看，南部的柑橘木虱灾害明显重于北部，但近年来冬季持续变暖，柑橘木虱北移明显。2013年夏秋季以来，北部的宁都、兴国、石城等县柑橘木虱的产生量明显加重，2014年该区域的病株率也有所增加。从不同纬度区域病情差异性分析结果看出，赣南地区由南往北随着纬度的增加，柑橘黄龙病的发病程度逐渐降低，因此纬度越低的地区更应该加强黄龙病的防范工作。

3.4 低洼山谷地区影响

赣南地处中亚热带，冬季易受北方冷空气影响，出现低温雨雪冰冻天气（湿冷型）；长时间干旱少雨后，地面辐射降温作用明显，容易出现冰霜冻（干冷型），特别是在低洼山谷地区表现得更为突出。赣州脐橙冻害主要是由干冷型冻害即辐射降温造成的。

在低洼山谷地区，辐射降温会导致冷空气下沉，下沉到山窝，导致山窝温度明显偏低，并在坡中出现一个逆温层，即由于气候和地形条件影响，出现气温随海拔高度增加而升高的现象。而低温条件不利于柑橘木虱越冬，因此从理论上来说冬季山窝处柑橘木虱的存活率较坡中低。

此外坡向也会对气温产生一定影响。一般情况下，北坡温度最低，西坡次之，东坡和南坡相对较高，而不同坡面（包括不同坡向和坡度）可接受的日照和辐射强度都不相同。因此，理论上冬季北坡处柑橘木虱的存活率最低，西坡次之，东坡和南坡相对较高，在预防冻害的同时，也应加强对东坡与南坡柑橘木虱的防控措施。

4 建议与展望

4.1 可行性建议

4.1.1 根据气候变化，做好预防工作

随着全球气候变暖，冬季的温度也随之逐年升高，这对于柑橘黄龙病的防治，尤其是柑橘木虱的防控提出了更高的要求。因此，当地的气象局要密切监控当地气候变化，同时通过网络、报纸、宣讲等方式向果业部门和果农们传递气候信息。当地果农也应时刻关注气候变化，提前做好防御工作，避免大量柑橘木虱顺利越冬而导致木虱种群数量急剧增加。

4.1.2 充分了解地形气候，营造有利防控条件

不同地形条件对种植地的气候会产生影响，所以应充分了解山区地形、小气候以及丘陵山坡坡面的逆温暖带，对种植在不同地形上的柑橘采取相应的柑橘木虱防控措施。

此外还可利用山区逆温暖带这一优势层，合理进行立体农业布局，为柑橘种植建造隔离带，这一方面对于冬季或早春冷空气突袭，可以在很大程度上避免果树受冻，另一方面可以营造有利防控条件，有效控制柑橘木虱的活动，从而控制黄龙病的传播。

4.1.3 密切监控，加强共享交流

在柑橘黄龙病防控工作中，对柑橘种植地的日最高温、最低温、昼夜温

差等气候状况的监控尤为关键，因此有必要在每个万亩级别的脐橙基地设置气象监测站，同时提高现有监测站的数据上传频率。建立共享数据库，实现监控数据在果业局、气象局、柑橘研究所等部门内共享，加强部门间有关柑橘防治工作的交流。

4.2 展望

越来越多的研究表明，赣南地区爆发的严重的柑橘黄龙病病害并非单一因素作用的结果，而是气候条件、土壤状况、种植者防控意识等多因素作用导致的结果，2013年的惨痛教训也使得越来越多的人意识到经济发展与生态平衡之间的必然联系。目前，由于全球气候变暖的影响，柑橘种植的气候条件正朝着有利于柑橘木虱繁殖的方向发展，这对防控工作提出了空前的挑战，因此密切关注气候变化、监控种植地气候状况、利用生态补偿等改善气候条件的措施就变得尤其重要。只有真正使得经济发展与生态系统保护协同进步，才能最终实现可持续发展的目标，才能为地区的脱贫工作注入强大动力。

5 参考文献

[1] 郑婧，胡菊芳，郭瑞鸽. 江西省天气、气候特点及其影响评述 [J]. 气象与减灾研究，2013，36(1): 73.

[2] 郑婧，罗少华，杨爱萍. 江西省天气、气候特点及其影响评述 [J]. 气象与减灾研究，2013，36(2): 71-72.

[3] 江西省天气、气候特点及其影响评述 [J]. 气象与减灾研究，2014，37(2): 74.

[4] 邓铁军. 冰冻灾害对柑桔木虱越冬存活率影响的调研分析及灾后防治对策.

[5] 赖剑锋，杨清华. 赣南柑桔木虱发生规律与防治研究 [J]. 江西植保，1991(3): 67-74.

[6] 谢远玉. 2013年赣南脐橙黄龙病爆发的气象成因及防御建议 [J]. 赣南气象科技与服务，2014(2).

[7]江西省天气、气候特点及其影响评述[J]. 气象与减灾研究, 2013, 36(3): 73.

[8]陈慈相,张倩,谢金招,陈辉朗,黄宗俊. 赣南地区柑桔黄龙病发生规律研究[J]. 中国南方果树, 2015, 44(6): 43-45.

[9]徐素芬,王仲文,张伟. 云南柑桔木虱的发生规律及防治研究[J]. 浙江柑桔, 1994(1): 32-33.

[10]李世菱,邱柱石. 谈谈柑桔黄龙病与环境的关系[J]. 广西园艺, 2000(4): 9-11.

不同健康状况的脐橙土壤与黄龙病的关系

黄梓璇

北京理工大学化学与化工学院，北京 100081

摘　要：通过基础氮、磷含量测量以及土壤内微生物分梯度涂布、观察、计数，分析抑制黄龙病发生的方法。结果显示，控制土壤磷酸根含量，使其达到2mg/L以上水平是可深入研究的方法，黄龙病染病株土壤中真菌含量与柑橘内生菌有一定联系。

关键词：土壤　黄龙病　微生物

1 背景与目的

柑橘黄龙病，又称为柑橘黄梢病，各龄柑橘树均易感染，感染柑橘树常表现为树叶黄化、结果少、果实酸涩等现象。国内外目前在柑橘黄龙病防治方面采取的办法主要集中于种植无病毒苗、搞好种植防护网等，关于通过控制土壤环境抑制黄龙病的方法还有待探索。在柑橘土壤微生物方面已发现17种典型的柑橘黄龙病伴生真菌属和10种伴减真菌属，而在柑橘土壤肥料控制方面，则文献较少。

2017年7月中旬，北京理工大学15名学生及3名指导老师奔赴江西多地对柑橘树黄龙病研究进行走访调查。

将在瑞金、寻乌、安远等多地采集的柑橘土壤样本，进行不同浓度梯度的微生物涂布，对比不同样本材料间微生物种类、数量的差异，并结合土壤pH、COD、氮、磷等指标，找出黄龙病染病与土壤条件之间的关系，达到通过土壤条件抑制黄龙病的目的。

2 材料与方法

2.1 实验材料

2.1.1 土壤材料

本实验所用植物材料信息见表1。

表1 植物材料采集信息

采集地点	样本数量	土壤材料	采集时间	采集人	代号
赣州市族亨村	2	健康株	2017年7月16日	黄梓璇、赵天扬	1号
瑞金市石门村	2	健康株	2017年7月13日	黄梓璇、赵天扬	2号
瑞金市石门村	2	健康株	2017年7月13日	黄梓璇、赵天扬	3号
赣州市族亨村	2	健康株	2017年7月16日	黄梓璇、赵天扬	4号
赣州市安远县	2	健康株	2017年7月15日	黄梓璇、赵天扬	5号
赣州市安远县	1	抗性株嫁接1代	2017年7月15日	黄梓璇、赵天扬	6号
赣州市安远县	3	抗性株	2017年7月15日	黄梓璇、赵天扬	7号
赣州市寻乌县	2	染病株	2017年7月16日	黄梓璇、赵天扬	8号
赣州市寻乌县	2	染病株	2017年7月16日	黄梓璇、赵天扬	9号

注：材料保存方法是用信封或密封袋保存。

2.1.2 试剂

土豆、葡萄糖、琼脂、全氮试剂（WAK-TN.i）、磷酸试剂（WAK-PO_4）、钾试剂（五马钾离子检测试剂）、COD试剂（WAK-COD，0–100mg/L）、pH测试仪。

2.1.3 工具

三角瓶、酒精灯、剪刀、镊子、空培养皿、接种环、移液枪、计时器、空烧杯、灭菌锅、恒温培养箱。

2.2 实验方法

2.2.1 土壤采集

取土壤表面以下10cm处柑橘毛细根部土100cm^2，每棵树至少采集2个样本，使用信封或密封袋保存。

2.2.2 基础参数检测

基础参数试验在样本采集当天完成。表2为基本参数测试信息。

表2 基本参数测试信息

项目	全氮	磷酸	COD	钾	pH
测定方式	1.将测试管顶端的预留线拉出 2.挤出测试管内的空气 3.利用压力吸入待测液置管内一半处或2/3处 4.摇匀后，在色卡指定时间比色			1.用被测水样洗涤试管3次，用吸管吸1mL水样于比色管中 2.用注射器准确加入K-Ⅰ试剂0.5mL，摇匀60s后，滴入K-Ⅱ显色剂5滴 3.用注射器吸入K-Ⅲ滴定液1mL，滴上述液体至乳白色或无色变为蓝色，10s不褪色，记录所用毫升	使用pH测试仪进行测定
有无重复试验	无				

2.2.3 土壤微生物分离培养

2.2.3.1 配制培养基

2017年7月19日，配制PDA固体培养基，方法如下：

土豆400g，切丁后煮30min，过滤后取滤液，加葡萄糖40g，琼脂30g，水定容到2L。分装至500mL三角瓶中，装液量300mL，高压灭菌锅121℃灭菌20min。

2.2.3.2 土壤稀释后涂布

2017年7月19日，将土壤材料混合均匀，并在超净工作台上用无菌滤纸各称取1g，溶于10mL无菌水中，并做梯度稀释处理。30min后吸取200μL液体涂布于PDA固体培养基。最后用封口膜封住培养皿边缘，并拿灭菌报纸包裹，放在室温（27℃）下培养，两天后观察菌落生长结果，记录菌落形态及种类信息。

无菌水灭菌方法：将100mL无菌水加入250mL三角瓶中，加棉塞包扎，放入101℃高压灭菌锅中灭菌20min。

涂布平板数见表3。

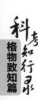

表3　7月21日土壤材料涂布平板数

来源	稀释浓度/倍	平板数/个
赣州市族亨村	10^{-1}	1
	10^{-2}	1
	10^{-3}	1
	10^{-4}	1
瑞金市石门村	10^{-1}	1
	10^{-2}	1
	10^{-3}	1
	10^{-4}	1
瑞金市石门村	10^{-1}	1
	10^{-2}	1
	10^{-3}	1
	10^{-4}	1
赣州市族亨村	10^{-1}	1
	10^{-2}	1
	10^{-3}	1
	10^{-4}	1
赣州市安远县	10^{-1}	1
	10^{-2}	1
	10^{-3}	1
	10^{-4}	1
赣州市安远县	10^{-1}	2
	10^{-2}	2
	10^{-3}	2
	10^{-4}	2
	10^{-5}	2
赣州市安远县	10^{-1}	2
	10^{-2}	2
	10^{-3}	2
	10^{-4}	2
	10^{-5}	2

续表

来源	稀释浓度/倍	平板数/个
赣州市寻乌县	10^{-1}	2
	10^{-2}	2
	10^{-3}	2
	10^{-4}	2
	10^{-5}	2
赣州市寻乌县	10^{-1}	2
	10^{-2}	2
	10^{-3}	2
	10^{-4}	2
	10^{-5}	2
总计		60

3 结果与分析

3.1 全氮、磷酸、钾离子、COD、pH测定结果

基本参数数据如表4所示。

表4 基本参数数据

来源	描述	全氮/(mg·L^{-1})	磷酸/(mg·L^{-1})	钾/mL	COD/(mg·L^{-1})	pH
1号	健康株	0.5	>2.0	400	20	6.26
2号	健康株	0.5	0.5	625	20	5.50
3号	健康株	0.2	2.0	575	13	6.42
4号	健康株	0.5	>2.0	375	50	6.26
5号	健康株	1.0	>2.0	500	100	6.98
		1.0	>2.0	425	100	7.18
6号	抗性株嫁接1代	1.0	>2.0	425	20	5.92
		1.0	2.0	375	20	5.50
7号	抗性株	1.0	2.0	375	5	5.86

续表

来源	描述	全氮/(mg·L^{-1})	磷酸/(mg·L^{-1})	钾/mL	COD/(mg·L^{-1})	pH
8号	染病株	0.5	1.0	450	20	6.20
9号	染病株	0.5	0.2	375	13	5.50

注：由于此类实验为当地测试，而5号、6号实验样本土壤量采集较多，故分为两袋放置，各分两组进行测定，微生物实验时均将两袋混合视为一个样本进行实验操作。

由表4可以看出：

3.1.1 全氮含量

安远县抗性株及抗性株嫁接1代的全氮值均在1mg/L左右，而其余地区的健康株或染病株的全氮值均在0.2~0.5mg/L，抗性株土壤的此项数据要远高于其他柑橘树土壤，然而安远县所采的健康株土壤样本全氮值也有此特征。根据近30年江西省各地全氮含量显示，江西地区全氮含量基本维持在1.0mg/L左右，部分地区在0.5mg/L左右，极少数地区在2.0mg/L以上，且2.0mg/L以上地区基本集中在南昌市附近。因此，此项数据可作为抗性株及健康株的一个参考，然而其影响并不会很大，极有可能是地区土壤差异引起的。

3.1.2 磷酸含量

健康株及抗性株、抗性株嫁接1代的磷酸含量基本都在2mg/L及以上，除了石门村健康株中有一株土壤在0.5mg/L，处于较低水平。寻乌县的两株染病株磷酸含量一株为1mg/L、一株为0.2mg/L，都处于较低水平。因此，控制土壤磷酸含量，如果农施柑橘肥料时适当提高磷酸肥的比例可以在一定程度上预防柑橘黄龙病的发生。

3.1.3 钾含量

江西省南部各地柑橘健康株土壤钾含量都在375~625mL，而安远县抗性株两个样本的三组数据在375~425mL，寻乌县两个染病株土壤钾含量则也是在375~450mL，虽然抗性株以及染病株钾含量都相对偏低，然而健康株中也有部分数据处于这个范围，因此并不能将钾含量偏低作为参考标准之一。

3.1.4 COD含量

健康株柑橘毛细土壤共五个样本的六组数据都在13~100mL内；抗性株的三组数据则在5~20mL，数据处于较低区间；而染病株的两组数据也在13~20mL这一范围间，相对偏低。九组样本共十一组数据中50mL以下的占七成，因此COD含量偏低也不能作为参考标准之一。

3.1.5　pH值

柑橘土壤的pH值共十一组数据均在5.50~7.18mg/L这个范围内，除安远县抗性株即样本5号的第二组数据显示土壤略偏酸性以外，其余样本数据均显示土壤为弱碱性环境，抗性株土壤pH值以及染病株土壤pH值与健康株相比并无明显差别，而pH值对土壤吸持磷酸根的影响规律很难一概而论，因此pH值也不能作为抑制黄龙病的土壤参考标准之一。

3.2　微生物菌落数量与多样性结果

从7月19日涂板起，至7月21日观察到株菌，株菌形态描述如表5所示。

表5　7月19日涂板至7月21日观察微生物形态描述来源
（2天，室温，PDA/牛肉膏）

土样	微生物种类	大小	颜色	气味	光泽	是否隆起	形状	来源	稀释浓度/倍	数量/个	每克土壤菌落数量/(CFU·g^{-1})	真菌种类比（真菌/总微生物）
1-1	细菌	大	淡黄	无	有	是	边缘树枝状	1号	10^{-3}	50	50 000	0.20
									10^{-4}	5		
1-2	真菌	大	白	无	无	是	绒毛状		10^{-3}	12	12 000	
									10^{-4}	7	70 000	
1-3	细菌	小	淡黄	无	有	否	凸圆状，边缘整齐		10^{-2}	82	8 200	
									10^{-3}	40	4 000	
1-4	细菌	大	微黄	无	有	否	圆形		10^{-2}	11	1 100	
									10^{-4}	30	300 000	
1-5	细菌	大	透明	无	有	否	边缘树枝状		10^{-4}	3	30 000	
2-1	真菌	6~14 mm	白	无	无	是	绒毛状	2号	10^{-1}	19	190	0.67
									10^{-2}	4	400	
									10^{-3}	2	2 000	
									10^{-4}	1	10 000	
2-2	真菌	2mm	白	无	无	是	绒毛状		10^{-1}	7	70	
									10^{-2}	5	500	
									10^{-4}	2	20 000	
2-3	细菌	小	—	—	—	—	—		—	很多	—	

续表

土样	微生物种类	大小	颜色	气味	光泽	是否隆起	形状	来源	稀释浓度/倍	数量/个	每克土壤菌落数量/(CFU·g^{-1})	真菌种类比（真菌/总微生物）
3-1	细菌	小	白绿	无	无	是	圆形,絮状	3号	10^{-2}	19	1 900	0.00
3-1	细菌	小	白绿	无	无	是	圆形,絮状	3号	10^{-3}	1	1 000	0.00
3-2	细菌	小	白黄	无	无	是	圆形,絮状	3号	10^{-1}	5	50	0.00
3-2	细菌	小	白黄	无	无	是	圆形,絮状	3号	10^{-2}	1	100	0.00
3-2	细菌	小	白黄	无	无	是	圆形,絮状	3号	10^{-3}	1	1 000	0.00
3-3	细菌	小	白	无	无	是	圆形,絮状	3号	10^{-2}	9	900	0.00
3-3	细菌	小	白	无	无	是	圆形,絮状	3号	10^{-3}	3	3 000	0.00
3-4	细菌	大	黄	无	—	—	—	3号	10^{-1}	56	560	0.00
3-4	细菌	大	黄	无	—	—	—	3号	10^{-2}	11	1 100	0.00
3-4	细菌	大	黄	无	—	—	—	3号	10^{-3}	4	4 000	0.00
4-1	细菌	小	白	无	有	否	圆形	4号	10^{-2}	20	2 000	0.20
4-2	细菌	小	红	无	有	否	圆形	4号	10^{-2}	2	200	0.20
4-3	细菌	小	黄	无	有	否	圆形	4号	—	—	—	0.20
4-4	真菌	大	白绿	无	无	是	毛绒状	4号	10^{-1}	9	90	0.20
4-5	细菌	小	黄棕	无	无	是	圆形中有白色小点	4号	—	—	—	0.20
5-1	细菌	小	白	无	有	否	圆形	5号	10^{-3}	28	28 000	0.25
5-2	细菌	偏大	黄	无	无	否	圆形	5号	10^{-3}	10	10 000	0.25
5-2	细菌	偏大	黄	无	无	否	圆形	5号	10^{-4}	16	160 000	0.25
5-3	真菌	4mm	白	无	无	是	圆形,边缘树枝状	5号	10^{-3}	1	1 000	0.25
5-4	细菌	大	白	无	无	否	圆形,絮状	5号	10^{-4}	9	90 000	0.25
6-1	细菌	小	淡黄	无	有	否	圆形	6号		16	160 000	0
6-2	细菌	偏小	淡黄	无	有	否	圆形	6号	10^{-3}	11	11 000	0
6-2	细菌	偏小	淡黄	无	有	否	圆形	6号	10^{-4}	8	80 000	0
6-3	细菌	大	淡黄	无	无	否	边缘树枝状	6号	10^{-3}	4	4 000	0
6-4	细菌	小	白	无	无	否	圆形	6号	10^{-4}	18	180 000	0

续表

土样	微生物种类	大小	颜色	气味	光泽	是否隆起	形状	来源	稀释浓度/倍	数量/个	每克土壤菌落数量/(CFU·g^{-1})	真菌种类比（真菌/总微生物）
7-1	细菌	大	黄	无	无	否	圆形	7号	—	—	—	0.20
7-2	细菌	小	白	无	无	否	圆形		10^{-3}	24	24 000	
7-3	细菌	偏小	白	无	无	否	圆形		10^{-2}	8	800	
									10^{-3}	5	5 000	
7-4	细菌	偏小	淡黄	无	无	否	圆形		10^{-2}	9	900	
7-5	真菌	14mm	白	无	无	是	边缘树枝状		10^{-3}	6	6 000	
8-1	细菌	大	白	无	有	否	圆形	8号	10^{-2}	15	1 500	0.25
									10^{-3}	12	12 000	
									10^{-4}	1	10 000	
8-2	细菌	小	白	无	有	否	圆形		10^{-3}	7	7 000	
									10^{-4}	1	10 000	
8-3	细菌	偏小	淡黄	无	无	否	不规则形状		10^{-2}	5	500	
									10^{-3}	1	1 000	
									10^{-4}	1	10 000	
8-4	真菌	大	白	无	无	是	圆形,絮状		10^{-4}	1	10 000	
9-1	细菌	小	淡黄	无	无	否	圆形	9号	—	—	—	0.29
9-2	细菌	大	淡黄	无	无	是	气泡状		10^{-2}	10	1 000	
9-3	细菌	大	淡黄	无	有	否	不规则形状		10^{-2}	9	900	
9-4	真菌	小	白	无	无	是	絮状		10^{-2}	9	900	
									10^{-2}	2	200	
9-5	真菌	大	白	无	无	是	绒毛状		10^{-2}	1	100	
9-6	细菌	大	白	无	无	否	不规则形状		—	—	—	
9-7	细菌	大	淡黄	无	无	否	边缘树枝状		—	—	—	

从表5可以看出：

3.2.1　土壤真菌种类比

黄龙病染病株柑橘毛细土壤中的真菌种类比在0.25~0.30，而健康株除样本2号外，真菌种类比则在0.00~0.25，略小于染病株，然而染病株真菌数量在10^3~10^4个，而健康株则基本保持在10^4~10^5个，大于染病株。研究指出，柑橘黄龙病株根际土壤真菌群落平均Chao指数比健康株的高21.4%，平均Ace指数比健康株的高29.2%，所得数据验证此结论。

3.2.2　柑橘内生菌与土壤真菌关系

研究表明，柑橘健康株的内生细菌的种类与数量比患病株的内生细菌数量少，而表5中显示的土壤中微生物含量，健康株内生菌种类在4~5种，而患病株则在4~7种，要略多于健康株，因此有关黄龙病与柑橘内生细菌以及土壤中微生物的相关联系还需进一步调查证明。

4　结论与展望

研究得到全氮含量、磷酸根含量、钾离子含量、COD、pH数据11组，其中磷酸根浓度高于2mg/L有利于抑制柑橘黄龙病的发生，其他指标无明显趋势现象。涂板60组，得到不同土壤的菌落数量41组。

土壤磷酸根含量对抑制黄龙病发生有明显差异，其中将土壤中的磷酸根含量控制在2mg/L以上有利于抑制柑橘黄龙病的发生。柑橘毛细土壤微生物与柑橘内生菌之间存在联系，其中土壤中的真菌菌落数分布趋势与生长状态和柑橘内生菌中的真菌生长有正向联系。

5　参考文献

[1]林孔湘.柑桔黄梢（黄龙）病研究Ⅰ——病情调查[J].植物病理学报，1956，2(1): 1-11.

[2]黄荣生，谢灵先.柑橘黄龙病防控新措施[J].中国园艺文摘，2014(9): 205-206.

[3]赵小敏，邵华.近30年江西省耕地土壤全氮含量时空变化特征[J].土壤

学报，2015，52(4): 1-3.

[4]王光火，朱祖祥. pH对土壤吸持磷酸根的影响及其原因[J]. 土壤学报，1991，28(1): 1-5.

[5]涂祖新，等. 赣南脐橙黄龙病株与健康株的根际土壤真菌群落多样性比较[J]. 安徽农业大学学报，2017，44(2): 333-341.

[6]梁盛年，李充璧. 肇庆地区柑橘内生细菌的分离及初步鉴定[J]. 安徽农业科学，2014，42(35): 12510-12512.

一种快速检测黄龙病PCR方法的建立

陆江坤

北京理工大学生命学院，北京 100081

摘　要：应用PCR技术对柑橘黄龙病病原DNA进行体外扩增，可建立一套快速、准确、有效的检测该病原的方法。研究结果表明：PCR技术对柑橘黄龙病病原的检测具有很强的特异性，只有感染黄龙病病原的样品，PCR才呈阳性反应。文章应用PCR技术能检测已带病但尚未显症状的柑橘黄龙病株，该检测技术可对柑橘黄龙病进行早期诊断，并及早控制带病苗木的传播，这对选育无病苗木及病害的综合治理具有很高的应用价值。

关键词：柑橘　黄龙病　检测　PCR

1 引言

黄龙病（Citrus Huanglongbing, HLB）是危害柑橘产业最严重的一种疾病。中国最早于1919年曾报道在广东的潮汕地区有类似病害，当地称其为"黄龙病"，是因为染病柑橘新梢及叶片黄化，出现黄龙病的病株的特征是生长缓慢、低产、顶梢枯死、慢慢死亡或速衰。现有的对黄龙病病原的研究表明，黄龙病病原体是革兰氏阴性菌，其16S rDNA序列属于薄壁菌门α亚纲。而且，黄龙病的病原可以分为亚洲种（Ca. L. asiaticus, Las）、非洲种（Ca. L. africanus, Laf）、美洲种（Ca. L. americanus, Lam）三种，影响中国地区的主要是亚洲种。

柑橘黄龙病主要影响柑橘属及其芸香科柑橘亚科近缘属植物。在自然条件下柑橘黄龙病病原主要通过柑橘木虱（Psyllid）进行传播，还可以通过病穗嫁接传播。柑橘木虱通过吸食病株的汁液得到病原菌，然后吸食健康的果树将病原传入新的寄主。黄龙病病原沿着植物的疏导组织进行传播，先从感染的叶片传递到根部，然后沿着根部传递到植物全身。黄龙病病原在疏导组织尤其是筛管中的繁殖会引起阻塞，影响营养物质的传送，进而导致叶片黄化；其在根部的积累会影响土壤养分的吸收而导致植物衰弱。

黄龙病对江西省的赣南脐橙产业造成过很大的打击。赣南地区以山地、丘陵为主，占到土地总面积的83%。这种地形适宜于发展果树种植业。据安远县果业局资料，安远县共有耕地60万亩，其中38万亩种植脐橙，而水稻种植仅有18万亩。由于对黄龙病认识不足，在2012年、2013年黄龙病暴发期间，整个赣南地区砍伐的病树超过千万株，发病严重的地区，如安远、寻乌染病率超过70%，造成的经济和社会损失难以估量。

因此，能够实现对黄龙病早期的灵敏准确的检测是黄龙病防控中重要的一环。黄龙病有较长的潜伏期，传统的田间检测仅能发现已经表现出症状的植株，而对于未表现出症状的感染株则无能为力。而其他的诸如病原显微镜观察法、血清学鉴别法等技术虽然能够实现早期检测，但是操作复杂、费用昂贵。相比之下，PCR技术无论是在检测的灵敏度和特异性方面，还是简单易行方面，都有无可比拟的优势。因而，本文对赣州市五个地区，即瑞金县（今为瑞金市）石门村、赣州市柑橘研究所、安远县鹤子镇、寻乌县澄江镇、寻乌县城的取样进行PCR检测。针对以往文献的记载比较了两对引物（片段长度分别为75bp和1 400bp）的扩增效率，并检查了不同的熔解温度，旨在建立一种快速、灵敏、特异的针对当地黄龙病病原的PCR检测方法。

2 研究材料与方法

2.1 材料

2.1.1 植物样品信息

采集的植物样品信息如表1所示。

表1 植物样品采集信息

采集地点	采集时间	采集部位	性状	简称
瑞金县石门村	7.13	叶	健康株	RJ-H
			病株1	RJ-D1
			病株2	RJ-D2
赣州市柑橘研究所	7.14	叶	健康株	GZ-H
			病株	GZ-D
安远县鹤子镇	7.15	叶	健康株	AY-H
			抗性株	AY-A
			抗性株F1代	AY-A-F1
寻乌县澄江镇	7.16	叶	健康株	CJ-H1
			健康株	CJ-H2
寻乌县城	7.16	叶	病株3	XW-D3
			病株1	XW-D1
			病株2	XW-D2

注：保存方法是用湿纸巾包裹枝条、叶片及根，淋水。洗净后塑封带分装，4℃保存。

2.1.2 试剂

新型植物基因组提取试剂盒（DP320）、核酸染料、琼脂糖、TAE、2×Super Taq PCR Master Mix（Biotech）、引物、DNA Ladder、ddH_2O、液氮、Eppendorf管、PCR管。

2.1.3 仪器

PCR仪、电泳仪、离心机、涡旋震荡仪、剪刀、镊子、滤纸、微波炉、空培养皿、计时器、空烧杯、高压灭菌锅、研钵、移液枪。

2.2 方法

2.2.1 样品预处理

植物叶片用自来水、35%次氯酸钠和70%乙醇各冲洗2min。然后用无菌水润洗。从叶片中分离主叶脉，并切成小段。取0.2g组织（鲜重）在液氮中磨碎，作DNA提取。

2.2.2 植物基因组提取

本实验采用了天根公司生产的新型植物基因组提取试剂盒（DP320）。实验方法如下：

（1）处理材料：叶片洗净后，吸干表面残留水分，各称取200mg，加入液氮充分研磨，加入400μL缓冲液LP1和6μL RNaseA，涡旋振荡1min，室温放置10min。

（2）加入130μL缓冲液LP2，涡旋振荡1min。

（3）12 000r/min离心5min，上清液转移至新离心管。

（4）加入1.5倍体积缓冲液LP3，立即充分震荡混匀15s。

（5）将上述溶液加入吸附柱CB3中（吸附柱放入收集管中），12 000r/min离心30s，倒掉废液，吸附柱CB3放入收集管中。

（6）向吸附柱CB3中加入600μL漂洗液PW，12 000r/min离心30s，倒掉废液，吸附柱CB3放入收集管中。

（7）重复步骤6。

（8）将吸附柱CB3放入收集管中，12 000r/min离心2min，倒掉废液，将吸附柱CB3置于室温放置数分钟。

（9）将吸附柱转入干净离心管中，向吸附柱中间部位悬空滴加100μL洗脱液TE，室温放置2～5min，12 000r/min离心2min，将溶液收集到离心管中。至此植物DNA提取完毕。

2.2.3 PCR条件及引物设计

根据Li的记载，为了区别Las、Laf、Lam三个种系，基于16S rDNA保守序列的差异性设计了三对长度75bp的引物。本文采用针对Las种设计的引物：LasF（TCGAGCGCGTATGCAATACG），LasR（GCGTTATCCGTAGAAAAAGGTAG）。采用植物内源基因COX作为检测提取效率的对照：CoxF（GTATGCCACGTCGCATTCCAGA），CoxR（GCCAAAACTGCTAAGGGCATTC）。第二组引物是用于区别普通内生菌16S rDNA和黄龙病病原16S rDNA的，分别为：reference（AGAGTTTGATCCTGGCTCAG），referenceR（AAGGAGGTGATCCACC），LasF（GCGCGTATGCAATACGA GCGGCA），LasR（GCCTCGCGACTTCGCAACCCAT）。

PCR体系

DNA   1μL

F+R   0.5μL+0.5μL

Taq Mix   12.5μL

ddH$_2$O　　　　　　　　　　　10.5μL
Total　　　　　　　　　　　　25μL

PCR条件设置

95℃ for 10min；　　　　　　95℃ for 10min；
$\begin{cases} 95℃ \text{ for 30s；} \\ 60℃ \text{ for 30s；} \\ 72℃ \text{ for 1min；} \end{cases}$　　$\begin{cases} 95℃ \text{ for 30s；} \\ 55℃ \text{ for 30s；} \\ 72℃ \text{ for 1min；} \end{cases}$
16℃ for 30min。　　　　　　16℃ for 30min。

循环数均为40。

2.2.4　琼脂糖凝胶电泳

分别用1X TAE buffer和琼脂糖粉配置2.5%和1%的琼脂糖凝胶，在110V，30min的条件下进行电泳。

3　结果与讨论

3.1　叶片性状描述

植物叶片性状如表2所示。

表2　植物叶片性状

地点	性状	描述
瑞金县石门村	健康株	叶片鲜绿
	病株	叶片全部脱落，呈深枯黄色（铁锈）；叶片背面或者正面有大量疑似虫卵。果实从蒂部开始由青变黄
赣州市柑橘研究所	健康株	叶片深绿
	病株	出现沿叶脉的黄化，叶片开始脱落
安远县鹤子镇	健康株	叶片嫩绿
	抗性株	叶片开始黄化，可见黄化沿着中心叶脉向边缘扩散；有的叶片出现斑点状锈
	抗性株F1代	部分叶片开始黄化，症状同上
寻乌县澄江镇	健康株	枝叶正常

续表

地点	性状	描述
寻乌县城	病株1	叶片上布满黑色的小点,叶脉是绿色,除了叶脉的其他部位是黄色
	病株2	症状如上
	病株3	叶片嫩绿,少数叶片出现如上症状,但是不严重

3.2 不同引物扩增结果差异

在MT=55的条件下,分别用两组引物(16S rDNA分别为70bp和1 200bp)进行PCR反应。如图1、图3所示,对照组除个别组别外,均能扩增出正确大小的条带,说明基因组提取没有问题。而70bp的16S rDNA PCR结果,如图2所示,几乎所有组都出现了阳性结果,说明可能由于片段长度的问题,70bp容易出现假阳性结果。如图4所示,在1 200bp 16S rDNA PCR结果中,赣州病株、寻乌健康株和病株出现了阳性结果,说明了检测的特异性。至于为什么瑞金的病株没有阳性结果,将在后续部分进行讨论。综上所述,70bp引物容易出现假阳性结果,因而1 200bp引物在检测的特异性方面更好。

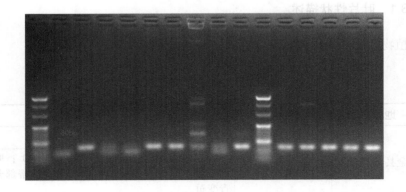

图1 COX基因扩增结果。条带从左到右依次为:200bp ladder, control, RJ-H. RJ-D1, RJ-D2, GZ-H, GZ-D, AY-H, AY-A, AY-A-F1, 200bp ladder, CJ-H1, CJ-H2, XW-D1, XW-D2, XW-3。

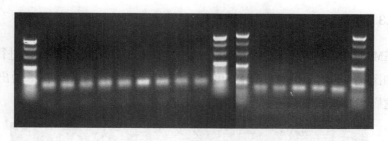

图2　黄龙病病原16S rDNA(70bp)扩增结果。条带从左到右依次为：200bp ladder, control, RJ-H. RJ-D1, RJ-D2, GZ-H, GZ-D, AY-H, AY-A, AY-A-F1, 200bp ladder; 200bp ladder, CJ-H1, CJ-H2, XW-D1, XW-D2, XW-D3, 200bp ladder.

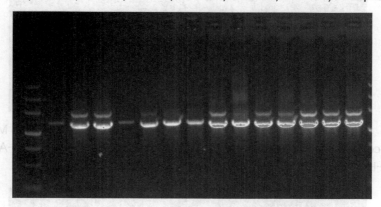

图3　reference 16S rDNA (1 400bp)扩增结果。条带从左到右依次为：Marker III ladder, control, RJ-H. RJ-D1, RJ-D2, GZ-H, GZ-D, AY-H, AY-A, AY-A-F1CJ-H1, CJ-H2, XW-D1, XW-D2, XW-D3, Marker III ladder.

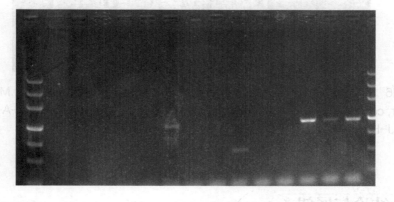

图4　黄龙病病原 16S rDNA (1 200bp)扩增结果。条带从左到右依次为：Marker III ladder, control, RJ-H. RJ-D1, RJ-D2, GZ-H, GZ-D, AY-H, AY-A, AY-A-F1CJ-H1, CJ-H2, XW-D1, XW-D2, XW-D3, Marker III ladder.

3.3 不同熔解温度下扩增结果差异

在MT=60℃的条件下，采用第二组引物（16S rDNA=1 200bp）进行PCR反应，如图5、图6所示。与熔解温度55℃相比，对照有两组没有扩增出条带，而黄龙病病原则完全没有结果。这说明55℃比60℃更加适合。

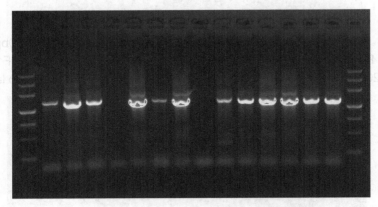

图5 reference 16S rDNA (1 400bp)扩增结果。条带从左到右依次为：Marker III ladder, control, RJ-H. RJ-D1, RJ-D2, GZ-H, GZ-D, AY-H, AY-A, AY-A-F1CJ-H1, CJ-H2, XW-D1, XW-D2, XW-D3, Marker III ladder.

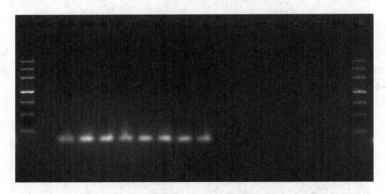

图6 黄龙病病原 16S rDNA (1 200bp)扩增结果。条带从左到右依次为：Marker III ladder, control, RJ-H. RJ-D1, RJ-D2, GZ-H, GZ-D, AY-H, AY-A, AY-A-F1CJ-H1, CJ-H2, XW-D1, XW-D2, XW-D3, Marker III ladder.

4 结论与展望

本文通过不同引物对熔解温度的比较，成功地总结了一种特异地快速检测黄龙病病原的PCR方法（MT=55℃，16S rDNA=1 200bp）。该方法能较灵敏特异地检测出未显示症状的黄龙病病株。后续希望通过RT-PCR检测植株根茎叶不同部分病原的含量，一方面检测常规PCR所能达到的灵敏度；另一方面对病原在植物体的分布和传播规律有进一步的了解。

至于文中存在的几点疑惑，譬如为什么瑞金石门村的病株是阴性结果；以及同组另一个同学安远抗性株用同样的方法却做出了阳性的结果，我认为是由于病原在植物体分布不均匀所致，可能取的叶片恰好没有染病。所以，在取样的时候应该多点取样，避免随机性；另外，了解病原的分布规律对如何取样也有重大意义。

虽然本文提出的PCR方法在常规的实验室都能进行，但是对于普通的百姓来说仍然难于实施。如果能够据此发展出相关的试剂盒，在田间地头就能取样检测，无疑可以极大地促进柑橘黄龙病的早期检测，这对于赣南地区黄龙病的防控也有重大意义。

5 参考文献

[1] 黄伟锋,洪添胜,吴伟斌,Mwape. 柑橘黄龙病检测方法研究进展[J]. 广东农业科学, 2012, 39(16): 60-64, 239.

[2] 邓晓玲,梁志慧,唐伟文. 快速检测柑桔黄龙病病原的研究[J]. 华南农业大学学报, 1999, (1): 4-7.

[3] 李韬, 柯冲. 应用Nested PCR技术检测柑桔木虱及其寄主九里香的柑桔黄龙病带菌率[J]. 植物保护学报, 2002, (1): 31-35.

[4] 田亚南, 柯穗, 柯冲. 应用多聚酶链式反应（PCR）技术检测和定量分析柑桔黄龙病病原[J]. 植物病理学报, 1996, (3): 53-60.

[5] Li Wenbin, Hartung John S, Levy Laurene. Quantitative real-time PCR for detection and identification of Candidatus Liberibacter species associated with citrus huanglongbing. [J]. Journal of Microbiological Methods, 2006, 66(1).

[6] Kim Jeong-soon, Wang Nian. Characterization of copy numbers of 16S rDNA and 16S rRNA of Candidatus Liberibacter asiaticus and the implication in detection in planta using quantitative PCR[J]. BMC Research Notes, 2009, 2(1).

[7] Noura Raddadi, Elena Gonella, Caterina Camerota, Alan Pizzinat, Rosemarie Tedeschi, Elena Crotti, Mauro Mandrioli, Piero Attilio Bianco, Daniele Daffonchio, Alberto Alma. "Candidatus Liberibacter europaeus" sp. nov. that is associated with and transmitted by the psyllid Cacopsylla pyri apparently behaves as an endophyte rather than a pathogen[J]. Environmental Microbiology, 2011, 13(2).

基于传统分离培养方法与16S rDNA扩增对柑橘木虱内生菌的探究

李小龙

北京理工大学生命学院，北京 100081

摘　要：分析柑橘木虱体内的内生菌数量及种类，探究内生菌可能存在的互作关系，旨在为黄龙病菌纯培养及通过微生物防治柑橘黄龙病提供帮助。本文通过传统培养分离方法比较不同木虱体内内生菌的异同，并通过PCR扩增柑橘木虱内生菌16S rDNA，确认其是否携带黄龙病菌。最终得到20只成虫头部内生菌，9只若虫内生菌，并鉴定了木虱携带黄龙病病原菌的情况。从分离培养情况看，柑橘木虱体内存在常驻菌种，此次实验结果表明该常驻菌可能是点状乳白色细菌、丝状红色真菌或绒毛状浅绿色真菌。

关键词：柑橘木虱　黄龙病　内生菌

1 引言

【研究意义】柑橘黄龙病（HLB）被称为植物癌症，是柑橘生产中的重大病害，其病原菌能够侵染几乎所有的柑橘及其近缘属植物，随着柑橘产业的全球化发展，柑橘黄龙病也传播到亚、非、美等柑橘主产区，并成为全球柑橘产业最严重的病害，据估计该病已导致上亿株柑橘树染病或砍伐。柑橘黄龙病是由一种韧皮部杆菌引起的病害，该菌为革兰氏阴性细菌，在寄主筛管细胞和薄壁细胞内分布不均匀，因此即使是同一株树各枝梢发病时间、发病状态和发病程度也呈现不同。黄龙病主要通过苗木、接穗和木虱这几种途径传播。苗木、接穗属人为传播，而柑橘木虱则是唯一的天然传播方式。因此，研究柑橘木虱内生菌对于黄龙病菌纯培养以及微生物防控黄龙病有积极的作用。【前人研究进展】Subandiyah等通过不同的方法研究了木虱内生细菌的多样性，其研究结果表明木虱内存在 *Mycetocytesymbionts*、*Oxalobacter* 和 *Herbaspirillum*、*Arsenophonus spp.*、*Liberobacter spp.*、*Wolbachia spp.*、*Alkanindiges illinoisensis*、紫色杆菌属（*Chromobacterium*）、埃希氏杆菌属、不动杆菌属（*Acinetobacter*）、亚硝化螺菌属（*Nitrosospira*）、*Candidatus Carsonella ruddii*、*Pseudomonas*、*Ralstonia* 等多种种属的细菌。孙丽琴等研究表明黄龙病病原菌对木虱内生细菌菌群的种类和数量产生了影响；有一种嗜气芽孢杆菌（*Bacillus aerophilus*）在柑橘木虱体内稳定存在，为木虱体内常驻菌群；肠杆菌属与黄龙病菌存在互作，但其互作机制还有待研究。【本文研究切入点】亚洲种柑橘木虱内生菌互作关系仍不明确，黄龙病病原菌纯培养难以实现。【本文拟解决问题】通过传统培养分离方法比较柑橘木虱内生菌异同点，为实现黄龙病病原菌纯培养及通过微生物防治黄龙病提供可能的方法。

2 材料与方法

2.1 实验材料

2.1.1 柑橘木虱样本采集

柑橘木虱样本采集信息详见表1。

表1 柑橘木虱样本采集信息

序号	采集地点	采集时间	采集人	编号
1	赣州市柑橘研究所基地	2017.07.14	李小龙	木'
2	赣州市寻乌县长宁镇一片散户果园	2017.07.16	李小龙	木

2.1.2 主要试剂和仪器

10mmol/L Tris-HCl，1mmol/L EDTA，25mmol/L NaCl，10mg/mL的蛋白酶K，缓冲液TAE，琼脂糖等主要试剂。PCR仪、电泳槽、离心机、水浴加热

锅、锥形瓶等玻璃仪器若干。

2.2 试验方法

2.2.1 木虱采集与保存方法

采集木虱时，选择树叶有黄化并且木虱聚集较多的树枝，剪下的枝条迅速放入矿泉水瓶中并用40～60目网孔的纱布封口。在保存过程中，在瓶子中放入润湿纸巾包裹的嫩枝条，并且保证矿泉水瓶在低温透气环境中存放。

2.2.2 柑橘木虱内生菌分离纯化

木虱样品表面消毒参照文献，将单头木虱置于盛有5mL除污溶液的15mL离心管中涡旋1min，吸除除污溶液，再用10mL无菌水清洗3次，然后将木虱移入无菌的干燥滤纸上晾干，再将木虱蘸取95%酒精并在酒精灯火焰上过火，并立即于100μL无菌水中清洗。取处理后的木虱头部在培养基上"Z"字形划线，并置于28℃恒温培养箱中培养24～72h。观察有无菌落长出并记录菌落数量和菌落形态，比较不同木虱内生菌数量和形态的异同。对于所有木虱均存在的内生菌和携带黄龙病病原菌的木虱内生菌进行单菌落分离纯化，并观察记录菌落形态特点。

2.2.3 内生菌16S rDNA的提取方法

单头木虱DNA提取方法参照文献，并稍加修改。将上述表面消毒后的木虱腹部放入1.5mL EP管中，加入30μL研磨缓冲液（10mmol/L Tris-HCl，1mmol/L EDTA，25mmol/L NaCl）用针头充分研磨，再加入1μL 10mg/mL的蛋白酶K；研磨液在56℃反应45min，95℃保温1min；3 000g离心30s，取上清液作为PCR模板或在-20℃冰箱中保存备用。

2.2.4 内生菌16S rDNA的PCR扩增

PCR所用引物有HLBas引物（5′-TCGAGCGCGTATGCAATACG-3′）和细菌通用引物（27F：5′-AGAGTTTGATCCTGGCTCAG-3′/1492R：5′-TACGGTACCTTG TTACGACT T-3′）。检测体系（25μL）为12.5μLMIX，1μL引物，1μL模板DNA，10.5μL灭菌蒸馏水。反应程序为：94℃ 5min；94℃ 30s，35个循环；55℃ 30s；72℃ 60s；72℃5min。上述PCR产物在2.0%琼脂糖凝胶上110V电泳30min，用凝胶成像系统检测。

3 结果与分析

3.1 柑橘木虱内生菌分离纯化结果

本文分别选择两地成虫10只、若虫9只用上述培养基分离培养3天。实验结果表明,两地成虫内生菌大多数都共有一种浅绿色绒毛状真菌;成虫和若虫内生菌种类和数量没有明显的差异。具体内生菌形态及种类详见表2。图1为采自长宁镇一片散户果园(木)的成虫内生菌代表图样,图2为采自赣州市柑橘研究所基地(木')的成虫内生菌代表图样。此次实验不足之处在于并没有对培养得到的细菌进行测序,没有确定其具体所属科门。

表2 菌落具体形态描述

培养基编号	木虱编号	菌落形态描述	微生物种类
1	木1	丝状红色,绒毛状浅绿色,有光泽	三种细菌两种真菌
2	木2	绒毛状浅绿色,点状乳白色,无光泽	两种细菌一种真菌
3	木3	绒毛状浅绿色,点状乳白色,有光泽	两种细菌一种真菌
4	木4	丝状红色,绒毛状浅绿色,点状乳白色,有光泽	三种细菌一种真菌
5	木5	丝状红色,绒毛状浅绿色,无光泽	两种细菌两种真菌
6	木6	点状红色,绒毛状浅绿色,有光泽	两种细菌一种真菌
7	木7	棉花状乳白色,土黄色,有光泽	六种细菌两种真菌
8	木8	丝状红色,绒毛状浅绿色,乳白色,有光泽	四种细菌一种真菌
9	木9	红色,点状浅绿色,丝状乳白色,有光泽	三种细菌一种真菌
10	木10	点状乳白色,绒毛状浅绿色,有光泽	三种细菌一种真菌
11	木1'	点状乳白色,有光泽	两种细菌
12	木2'	红色,乳白色,浅绿色,有光泽	四种细菌一种真菌
13	木3'	点状红色,乳白色,点状浅绿色,有光泽	三种细菌一种真菌
14	木4'	棉花状肉色,绒毛状浅绿色,有光泽	两种细菌一种真菌
15	木5'	棉花状、绒毛状浅绿色,无光泽	两种真菌
16	木6'	点状乳白色,绒毛状浅绿色,有光泽	三种细菌两种真菌
17	木7'	点状红色,绒毛状浅绿色,点状乳白色,有光泽	五种细菌两种真菌

续表

培养基编号	木虱编号	菌落形态描述	微生物种类
18	木8'	点状红色，棉花状、点状乳白色，绒毛状浅绿色，有光泽	四种细菌一种真菌
19	木9'	点状、棉花状乳白色，有光泽	四种细菌一种真菌
20	木10'	点状红色，棉花状乳白色，绒毛状浅绿色，有光泽	四种细菌两种真菌
21	虫1	点状红色，棉花状乳白色，有光泽	四种细菌一种真菌
22	虫2	绒毛状浅绿色，棉花状乳白色，有光泽	三种细菌两种真菌
23	虫3	丝状、点状红色，绒毛状浅绿色，有光泽	四种细菌一种真菌
24	虫4	绒毛状浅绿色，棉花状乳白色，有光泽	三种细菌两种真菌
25	虫5	绒毛状浅绿色，点状、丝状乳白色，有光泽	四种细菌两种真菌
26	虫6	点状、棉花状乳白色，绒毛状浅绿色，丝状红色，有光泽	四种细菌两种真菌
27	虫7	点状、丝状乳白色，绒毛状浅绿色，有光泽	三种细菌一种真菌
28	虫8	点状红色，绒毛状浅绿色，棉花状乳白色，有光泽	三种细菌两种真菌
29	虫9	点状、丝状红色，绒毛状浅绿色，有光泽	四种细菌一种真菌

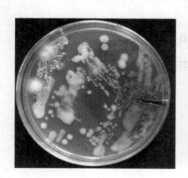
图1 木7

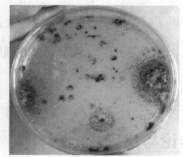
图2 木7'

3.2 内生菌16S rDNA 的PCR扩增

PCR结果如图3和图4所示。本文共使用了两地成虫40头，检测结果显示均未携带黄龙病病原菌。这个结果导致笔者无法分析比较正常木虱与带病木虱内生菌异同（注：跑胶结果证明已成功提取木虱内生菌DNA）。分析失败的可能原因：①采自赣州市柑橘研究所基地养殖的木虱带病率很低（7%~8%），采自散户果园的木虱无法得知带病率，并且笔者检测数量过少，导致未能检测出阳性结果。②仅在单头木虱腹部提取DNA，在提取过程中研磨不充分等原因都可能导致内生菌DNA提取量很少，在没有浓缩DNA的情况下试验成功难度较大。

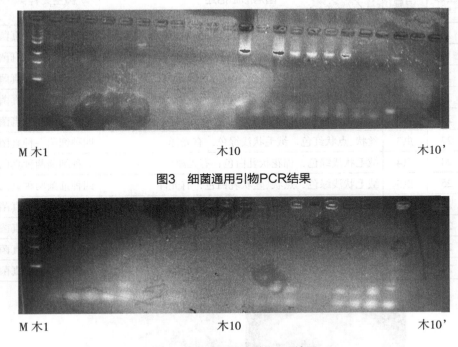

图3　细菌通用引物PCR结果

图4　黄龙病通用引物PCR结果

4　结论与建议

4.1　结论

实验所得的29个平板表明该常驻菌可能是点状乳白色细菌、丝状红色真菌或绒毛状浅绿色真菌。但是这种菌具体属于什么科门、对于木虱生长调节如何、与黄龙病病原菌有何互作作用仍有待进一步的探究。PCR结果显示本文所采集木虱样本均不携带黄龙病病原菌。

4.2　建议

之后的实验可以从以下方面入手：①研究内生菌之间的竞争、共生等互作关系。②研究常驻内生菌对柑橘木虱生长活动的调节。③基于16S rDNA分析内生菌亲缘关系，研究其互作关系。

5 参考文献

[1] Bové J M.Huanglongbing:a destructive,newly-emerging, century old disease of citrus [J]. Journal of Plant Pathology, 2006, 88(1): 7-37.

[2] 范国成, 刘波, 吴如健, 李韬, 蔡子坚, 柯冲.中国柑橘黄龙病研究30年[J]. 福建农业学报, 2009, 24(2): 183-190.

[3] 程春振, 曾继吾, 钟云, 闫化学, 姜波, 钟广炎.柑橘黄龙病研究进展[J]. 园艺学报, 2013, 40(9): 1656-1668.

[4] 廖晓兰, 朱水芳, 赵文军, 等.柑橘黄龙病病原16S rDNA克隆测序及实时荧光PCR检测方法建立[J]. 农业生物技术报, 2004, 12(1): 80-85.

[5] 冯建强.柑橘黄龙病的识别与防控[J]. 南方农业, 2016, 6(33): 1673.

[6] Subandiyah S, Nikoh N, Tsuyumu S, Somowiyarjo S, Fukatsu T. Complex endosymbiotic microbiota of the citrus psyllid Diaphorina citri (Homoptera: Psylloidea) [J]. Zoological Science, 2000, 17(7): 983-989.

[7] Hert M, Hunter W, Dowd S, Hall D. Endosymbiotic microbiota of Asiancitruspsyllid[C]//International Research Conference on Huanglongbing, Orlando, Florida, 2008: 1-3.

[8] Saha S,HunterWB, ReeseJ, Morgan JK, Marutani-HertM, Huang H, Lindeberg M. Survey of endosymbionts in the Diaphorina citri Metagenome and assembly of a Wolbachia wDi draft genome[J]. Plos One, 2012, 7(11): e50067.

[9] 孙丽琴, 殷幼平, 王芳, 吴晓芳, 王中康.柑橘木虱黄龙病菌携带量与其内生菌群相关性[J]. 中国农业科学, 2014, 47(11): 2151-2161.

[10] Meyer J M, Hoy M A. Removal of fungal contaminants and their DNA from the surface of Diaphorina citri (Hemiptera: Psyllidae) prior to a molecular survey of endosymbionts[J]. Florida Entomologist, 2008, 91(4): 702-705.

[11] 卢占军, 丁鹏, 等. 3种提取单头柑桔木虱体内黄龙病菌NDA方法的比较[J]. 中国南方果树. 2016, 45(6): 1-5.

[12] 李菁，冯旭祥，徐建华，邓晓玲. 快速检测单头柑橘木虱体内黄龙病病原[J]. 植物检疫, 2008(1).

[13] Sagaram U S, DeAngelis K M, Trivedi P, Sagaram U S, DeAngelis K M, Trivedi P, Andersen G L, Lu S E, Wang N. Bacterial diversity analysis of Huanglongbing pathogen-infected citrus, using PhyloChip arrays and 16S rRNA gene clone library sequencing[J]. Applied and Environmental Microbiology, 2009, 75(6): 1566-1574.

寻乌县东江水功能区水质现状及保护机制调研

马小岚

北京理工大学生命学院，北京 100081

摘　要：东江是珠江三大水系之一，发源于江西省寻乌县桠髻钵山。东江不仅是香港同胞的第一饮用水源，也是广东省河源、惠州、东莞、广州等4 000多万居民的主要饮用水水源，影响深远的东深供水工程的主要水源就是东江水。水是生命之源、生产之要、生态之基，源头水尤为重要。周恩来总理曾亲笔题词："一定要保护好东江源头水。"为了了解寻乌县东江水功能区水质的现状以及保护机制，更好地保护东江源，通过采用走访相关部门、搜寻相关资料以及实地采样实验的方法对其进行了解，得知寻乌县东江水近年来水质状况得到逐步改善，检测达标率稳步提升，水质大体维持良好。水功能区水质良好，但仍具有提升空间，政府等相关方面可逐步改进完善相关措施，推动水质更上一个台阶，努力保护好东江源。

关键词：寻乌　东江　水功能区　水质　保护机制

1　前言

东江是珠江三大水系之一，发源于江西省寻乌县桠髻钵山。寻乌县内东江流域面积3 524km^2，占东江全流域面积的13.3%；年平均径流量30.13亿m^3，占东江年平均径流量的10.4%，根据《江西省地表环境水功能区划（2010）》，东江源区共划有水功能区38个，其中国家重点水功能区6个，省划水功能区18个，市划水功能区20个。

东江流域意义重大，对于其源头的保护更是需要重视。由于地理位置及水文特点，寻乌县被列为东江源县之一。寻乌县林木资源丰富，平均森林覆盖率高，是东江的水源涵养基地。了解寻乌县东江水功能区的水质现状和保护机制可以更好地促进其保护工作的进行，保护好东江源。

2 材料与方法

2.1 样品采样

采样从寻乌县桠髻钵山下东江源村起始，沿干流河道向下延伸，采样路线经过脐橙种植区、稀土矿区、城市生活区等不同用水方式的地区。采样瓶为300mL塑料瓶，采样前用河水润洗3遍以上，每个采样点至少采集3个样品。具体采样情况见表1。

表1 采样编号、地点和时间

编号	采样地点	采样时间
1	寻乌县滨河东路南（马蹄河）	20170716 17：30
2	寻乌县东江源村河流水（源头水）	20170716 16：21
3	寻乌县东江源村自来水	20170716 16：15
4	寻乌县文峰乡瑶坑	20170716 12：05
5	寻乌县长宁大桥	20170717 09：39
6	寻乌县滨河西路南	20170717 10：07
7	寻乌县南桥镇206国道旁	20170717 17：48
8	寻乌县稀土公司旁河段	20170717 18：27

2.2 方法

主要通过走访部门、查询相关资料、采集样本实验3种途径，对寻乌县水功能区现状和保护机制做一个认识。

采集样品的检测分为前期和后期检测。前期检测即在采样当天进行即时检测，使用水质检测箱、氨氮测试包、COD水质测试包、全硬度水质快速测试包、菌落总数测试片等工具对水质的pH、有机质含量、磷酸盐含量、氨氮含量等指标进行检测。后期检测即实验室检测，将样品带回实验室后，在无菌环境下进行微生物培养，观察并统计样品中的微生物种类和数量。

3 结果与分析

3.1 结果

3.1.1 水质特征

水质状况整体良好。根据2014年、2015年、2016年的《赣州市水资源公报》，寻乌县内水功能区的检测达标率逐年提升，逐步解决由氨氮超标带来的污染问题。

2014年，水质监测分析评价项目主要有理化指标、无机阴离子、营养盐及有机污染综合指标、金属及其化合物等26个。此年寻乌县参评水功能区有10个，分别为寻乌水源头保护区、寻乌水寻乌保留区、东江寻乌水赣粤缓冲区、寻乌水马蹄河寻乌饮用水源区、马蹄河寻乌保留区、马蹄河寻乌饮用水源区、马蹄河寻乌工业用水区、马蹄河寻乌九曲湾水库饮用水源区、龙图河寻乌保留区、晨光河寻乌保留区。其中有7个达标，未达标的有寻乌水寻乌保留区、东江寻乌水赣粤缓冲区、马蹄河寻乌工业用水区，超标项目为氨氮。

2015年，此年参评水功能区数与上年相同，分别为湘水寻乌—会昌保留区、寻乌水源头保护区、寻乌水寻乌保留区、寻乌水赣粤缓冲区、寻乌水马蹄河寻乌饮用水源区、马蹄河寻乌保留区、马蹄河寻乌工业用水区、马蹄河寻乌九曲湾水库饮用水源区、龙图河寻乌保留区、晨光河寻乌保留区。其中有8个达标，未达标的有寻乌水寻乌保留区和马蹄河寻乌工业用水区，超标项目为氨氮。

2016年，此年参评水功能区共10个，同2015年。均已达标。

此次调研实地采样结果如表2～表3.2所示。

表2　采样点水样的感官描述

编号	感官描述
1	浅青绿色，有异味，能见度一般
2	无色，无味，能见度较高
3	无色，无味，能见度较高
4	透明无色，有腥味，能见度>5cm
5	浅青绿色，无味，能见度一般，有水草
6	黄色，有腥臭味，能见度极低
7	浅青灰色，有异味，能见度较低，存在排水现象
8	淡青灰色，有异味，能见度较低，水面有白色漂浮气泡

表3.1　样品检测指标及结果

编号	全氮素/ppm	COD/ppm	磷酸盐/ppm	氨氮/ppm	全硬度/ppm	pH
1	5	4	0.05	0.5	10	7.69
2	0	6	0.05	0.5	0	8.01
3	0	4	0.05	0.2	0	6.89
4	0	5	0.05	0.2	10	8.30
5	0	20	0.10	1.0	10	7.89
6	5	50	0.05	0.5	10	7.77
7	5	6	0.50	1.0	20	7.93
8	0	6	0.20	1.0	20	8.06

表3.2　样品检测指标及结果

编号	总溶解固体/ppm	细菌/种	真菌/种
1	42	9	0
2	28	8	0
3	29	7	0
4	63	9	0
5	45	4	0
6	38	9	0
7	73	5	0
8	67	5	0

3.1.2 水污染来源

东江水质的污染可分为点源污染和面源污染。点源污染主要集中在城市附近的河段。面源污染主要表现为农田化肥和农药用量的激增引起水质的恶化。面源污染对东江流域水质所造成的危害主要发生在汛期，伴随着降雨径流，流域地表的污染物如农田里的农药、化肥、城镇垃圾废弃物等被冲入河流中，污染物在河流中释放、溶解，使水体遭受污染。

另由上述分析可知，寻乌县的东江水功能区超标主要为氨氮含量超标。而水中氨氮的主要来源有：①大气中化石燃料燃烧、汽车尾气排放的氮氧化物。②过度使用的植物肥料（尿素、铵盐肥料、硝酸盐肥料等）通过灌溉排水进入地面水或通过土壤渗入地下水中。③动物的排泄物和动植物腐烂的分解产物。④生活污水和某些含氮工业废水的排放。

由图1、图2可知近几年寻乌县污水排放量的情况。2014至2016年，寻乌县水功能区达标率逐年提升，寻乌县污水排放量逐年减少，可见，污水的排放是形成寻乌水污染的主要来源之一。

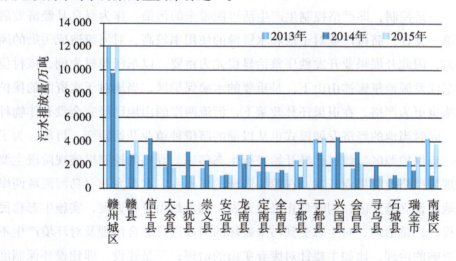

图1　2013至2015年的污水排放量

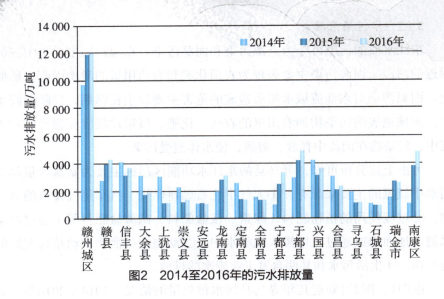

图2 2014至2016年的污水排放量

3.1.3 东江水质保护措施

寻乌的东江水保护措施，可以概括为六个字：控制、治理、建设。

一是控制，即严格控制生产生活可能带来的污染。作为寻乌县经济发展的第一支柱，脐橙产业对土地和水资源的使用率较高，对河流造成污染的风险大，因此开展果业开发秩序整治显得尤为重要。以东江源村为例，该村位于东江发源地桠髻钵山山下，是重要的水源保护区，当地对于水资源的保护措施也更为严格，在退果还林政策下，河流两岸的山地已经完全没有作物种植，同时当地的经济发展模式也从以前的脐橙种植业开始转变。目前，为了进一步保护源区，该村已经开始进行生态移民。寻乌的控制措施现阶段主要体现为严格控制果业开发。在源头区域的三标乡、水源乡及寻乌河流域两岸等地区设立禁开区，同时禁止果业开发，加大封山育林力度，实施生态移民工程；二是治理，对生态受到污染破坏的河段进行综合治理及对环境产生不良影响的治理，比如主要针对废弃矿山的治理；三是建设，即建设环保制度和生态文明。近年来，随着河长制的推行，建立起了省、市、县、乡、村五级河长制组织体，还明确了各级河长和各部门职责，确立了九大项主要任务，由上及下，做保护水环境的一分子，成果斐然。寻乌县强化制度设计，在考核问责上动真格，重点对各乡镇和责任单位在保护水资源、防治水污染、改善水环境、修复水生态等方面的工作成效进行考核，并由乡镇对县直责任单位直接进行考核评分，监督县直责任单位改作风、提效率，全面履行职责，上下联动，协调配合。

注重新媒体的作用。发行编制中小学生河湖保护教育读本，面向全社会有奖征集河长制主题标志和保护东江源的宣传标语等，"全方位""立体式"地营造群众共同参与河湖保护管理、保护环境的良好氛围。

加强环保设施建设，大力保护水源水质。在吉潭、桂竹帽、菖蒲3个乡镇298村实施了农村清洁工程试点，建设乡镇垃圾中转、垃圾收集池、垃圾焚烧炉等设施；加强了饮用水源、主要河道的清理、修建和整治工作，加大了对饮用水源的监测、监察力度，开展了饮用水源地环境专项整治行动。

东江源区实行生态补偿机制。通过建立和完善生态补偿机制获得相应的经济补偿，改善源区生活水平以减少对源区生态环境的危害，有效地、可持续地改善源区的水环境、水生态，以保障整个流域内上下游居民饮用水安全与社会经济的可持续发展。

3.2 分析与结论

寻乌水由上游至下游，依次为Ⅰ、Ⅱ类水，劣Ⅴ类水，Ⅲ类水。此次采样地点集中在Ⅰ、Ⅱ类水，劣Ⅴ类水河段。

根据《地表水环境质量标准》（GB3838-2002）及国标对各类水中微生物含量要求的分析可知，部分符合其所在功能区的水质特点；但由于系列检测实验多为颜色比对、数数、肉眼观察等，有主观性，所以存在一定的误差。同时，取样仅是一个时间点的取样，下雨、上游工地施工排水等都会对实验结果造成影响。

2014—2016年寻乌县东江源水功能区水质的好转表明东江源污染状况出现转机，且2016年各个受测水功能区均达标，此次取样检测所得数据也基本符合对应的要求，但这并不意味着源区污染水平已经降至较低水平，且水质好转是一种现象，而不是规律。因此，各级政府与相关部门不能掉以轻心，而应进一步广泛利用国家政策、政府投入、科技进步、群众参与等各种手段，在巩固治理成果的基础上，努力突破，全面提升水质。

随着经济社会的快速发展，人们的生产生活方式随之改变，河湖的运输功能、灌溉作用逐渐消退，人们对河湖的依赖性也随之降低。这时候，居安思危，提高保护意识，形成自上而下的普遍的保护氛围，对寻乌县东江水功能区水质的保护尤为重要。

在做好当下的保护工作的前提下，仍要不断提升，现提出几点建议：一是提升对河流水质的检测力度。采用更精确、更灵敏、适用性更好的设备和系统进行监控检测，以便更好地发现问题、解决问题；二是加强对工厂、生活用水等的排污监控力度。污水因其中有机质含量多容易污染水质，所以做好这方面的监控对保护水质有着不可忽视的作用，需严惩乱排放的行为；三是完善城市污水处理的建设和管理。形成规范的污水处理机制，尽可能减少污水对水质的污染；四是注重宣传教育。告知相关法规，力求形成一种人人心中护水，人人自觉行动去保护环境、保护水资源的良好氛围。

总体来说，寻乌县的水质现状良好，相关保护机制运行较好，对东江源的保护做出了许多贡献，但仍需居安思危，不断改进，做到更好。要勇于发现问题，解决问题：无论是河长制的管理实施，还是现有的污染水源的行为，各级要落实好督察工作，严惩污染不负责行为；注重把创新思维融入保护水资源、治理水污染当中，因地制宜，巧妙地节约资源，力求事半功倍；注重合作，上下齐心，拧成一股绳，一同保护好源头水，齐心协力发挥好河长制的作用。

4 参考文献

[1] 刘旗福, 曾金凤. 东江源水功能区水质变化特征与保护政策关联分析[J]. 人民珠江, 2014(2): 109-111.

[2] 吴頔, 等. 持续发力打造河长制江西升级版[P], 2017.

[3] 董建良, 袁晓峰. 江西河湖保护管理实施"河长制"的探讨[J]. 中国水利, 2016(14): 20-22.

[4] 刘旗福, 曾金凤, 邹毅. 东江源区水环境保护与生态补偿机制探讨[J]. 江西水利科技, 2013(3): 189-194.

[5] 胡细英, 熊小英. 东江源头县——寻乌县水环境生态保护研究[J]. 经济地理, 2004, 24(5): 588-591.

[6] 曾金凤, 符辉. 东江源寻乌水水资源开发利用问题与对策建议[J]. 江西水利科技, 2016, 42(2): 115-119.

赣南地区柑橘木虱防治措施的研究

孙欣欣

北京理工大学生命学院，北京 100081

摘　要：对江西赣州地区的柑橘黄龙病状况进行实地走访调研，获取防治柑橘木虱的方法措施。通过对赣州市、安远县、寻乌县等几个地区果业相关部门及柑橘产业基地进行实地考察、访谈以及配合调查问卷的方式，对比不同地区和人员针对柑橘木虱采取的防治措施，为更好地防治柑橘木虱、控制黄龙病害提供有效的、符合自然生态发展的防治方案。同时，对当地柑橘黄龙病的防控提出一定的科学建议，为柑橘果农提供一定的参考，并对黄龙病控制新方法做出展望。

关键词：赣南　柑橘木虱　黄龙病　防治措施

1 前言

江西作为我国柑橘的主要产区，其柑橘产业在当地经济产值中占据主导地位，是当地农民收入的主要来源。赣南地区多分布有丘陵地带，耕地较少，而丘陵地带非常适宜柑橘的种植，不与粮棉油争地，又能带来良好的经济效益，种植柑橘的农民家庭有较好的经济收入。1919年，在华南地区首次发现了柑橘黄龙病，其是与一组被称为"Candidatus liberibacter spp."的韧皮部杆菌属细菌密切相关的橘树病害。该细菌可分为亚洲种（Ca.L.asiaticus）、非洲种（Ca.L.africanus）、美洲种（Ca.L.americanus）。目前为止，中国19个柑橘种植省区已经有11个遭受过柑橘黄龙病危害，受灾面积已达总面积的80%，损失产量占总产量的85%左右；2004年和2005年巴西圣保罗州、美国佛罗里达州分别发生了柑橘黄龙病灾害。黄龙病的蔓延，严重影响了柑橘的产量和果质，给柑橘果农造成了极大损失。1967年印度Capoor等证明柑橘木虱亚洲种是亚洲柑橘黄龙病的昆虫传播媒介。由于柑橘黄龙病的病原细菌至今仍未培养成功，人们对该病原的培养性状、生态特性以及生理生化性状等细菌传统分类学方面的特性仍然知之甚少，目前针对柑橘黄龙病尚无任何有效药剂和抗病品种，主要以预防为主，仍然不能根治此病。对发病植株最常用的方法仍然是铲除病树或者剪掉病枝，这给柑橘产业造成了很大的损失。因此在黄龙病防控措施中，捕杀其传播媒介柑橘木虱是目前主要的手段之一。为此，建议当地果业部门和政府应引起高度重视，采取迅速、有效的防控措施，群防群治，确保柑橘产业健康持续发展，减少果农损失。

2 研究路线及方案

本次课题调研地区主要是赣州市、安远县、寻乌县的柑橘研究所，县果业局，柑橘种植基地，柑橘合作社等地，对相应的政府部门、柑橘黄龙病研究人员、当地果农等，通过走访调查、座谈会以及结合部分调查问卷的形式，针对赣南地区柑橘黄龙病进行了深入的了解，在柑橘木虱防治方面做了详细的调研分析并作出了分类比较和汇总。这些有助于明确赣南地区柑橘黄龙病的发病、防控情况，同时为日后开展更有效的防控措施提供参考。

3 结果与分析

对赣南地区柑橘黄龙病的调研，主要从以下几个方面进行。

3.1 赣南地区对柑橘黄龙病防治的了解情况

首先对赣南地区当地果农、柑橘研究所人员等关于柑橘黄龙病防控方面的基本情况做了了解，以下是各类问题的统计情况。

3.1.1 当地对防治柑橘黄龙病的积极性

关于柑橘黄龙病防治的积极性方面，大家均持积极态度，都在积极学习和了解最新的防治措施。而从我们统计的影响防治柑橘黄龙病积极性的因素统计图中（图1）可以看出，柑橘价格是影响果农防治柑橘黄龙病积极性的最主要因素，其次人员受教育程度、所种果园数量也会相应地影响防治的积极性。

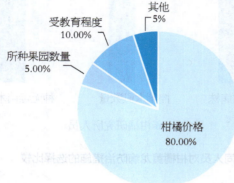

图1　影响防治柑橘黄龙病积极性的因素统计图

3.1.2　有关部门对黄龙病防控出台的政策措施

为了防治柑橘黄龙病，当地政府也积极采取相应措施，建立柑橘合作社或者柑橘合作协会，积极开展防治柑橘黄龙病的咨询服务，另外农业部门也出台颁布了柑橘黄龙病防治的相关方案和规程，以文件规程的形式标明防治病害的操作标准。当地果农大都加入了这些柑橘合作社或柑橘协会，也有少数果农没有加入，因此还需政府部门的大力宣传，让更多的果农接收到最新的防治措施，接受科学的防治理念。

3.1.3　不同人员防控柑橘黄龙病的措施和途径

在防治柑橘黄龙病问题的统计方面，我们对柑橘研究所人员及果农的措施策略分别作了对比统计。从图2中可以看出，二者在砍伐柑橘病株、控制木虱数量和种无毒苗木三种防控黄龙病途径的选择上各有差异，明显差异主要集中于砍伐柑橘病株方面。果农选择砍病株的比例明显低于柑橘研究所人员，由此看出，许多果农对柑橘黄龙病的危害认识仍然存在不足，可能对初发病的果树舍不得挖除销毁，存在侥幸心理，认为多结一年果多一点收入，而没有认识到病树多活一年就有毁园的危险。因此，在黄龙病危害方面，有关部门还需广泛宣传，让果农形成提早预防、科学防治的理念，制定群防群治规程，统一柑橘黄龙病树田间诊断、挖除、烧毁、土壤处理的规程，抓好防控技术培训，及时清除柑橘黄龙病株，减少病源。

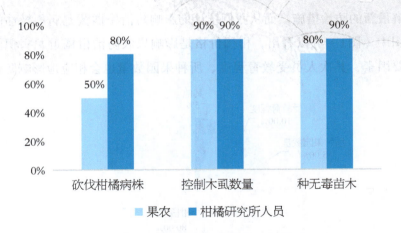

图2 不同人员对柑橘黄龙病防治措施的选择比较

3.2 赣南不同县区对柑橘木虱防治措施的比较

通过与柑橘种植主产区赣州市、安远县、寻乌县的柑橘研究所、果业局、柑橘种植基地人员的访谈,我们了解到在预防柑橘黄龙病的几个途径中,控制柑橘木虱仍然是最主要的手段,因此重点对三个地区柑橘木虱的防治措施作了解。

3.2.1 赣州市柑橘木虱防治措施

为加强对柑橘主产区黄龙病的防治,首先建立柑橘无病苗繁育基地,严格柑橘苗木调运和检疫制度,引导当地果农栽培无病柑橘苗木,为当地和周边柑橘生产区提供无病柑橘苗木,从源头上有效遏制柑橘示范区及周边地区黄龙病的进一步蔓延。在木虱控制方面,主要对有效药剂进行筛选试验,选择效果较好的药物防控木虱。选择生物防治的应用较少,而且推广比较困难,生物的多样性等也会受到影响,不太适合当地木虱防治。

3.2.2 安远县柑橘木虱防控措施

在安远县果业局相关人员的介绍下,我们了解到安远地区柑橘黄龙病的防控措施中,政府在人员组织、资金保障以及技术培训方面都积极应对,由县到乡、村成立防控领导小组,同时对砍伐柑橘病树给予资金补贴,在技术上,使用先进的器械(直升机、无人机)对柑橘果园喷洒农药,统一行动,对各地区实施网点布控,随时发出疫警。在木虱化学防治方面,对用药方案进行统一培训,从而通过经销商推广给果农,重点是避免木虱产生抗药性、采用联合用药等方案。同样，到目前为止，也没有引进生物防治木虱的措施，而建立生态果园等绿色途径控制木虱的方案刚刚推广，在山顶建立蓄水的防护林、柑橘园之间建立隔离带，都旨在利用生物的多样性，保持自然规律。

3.2.3 寻乌县柑橘木虱防治措施

在寻乌地区，我们实地考察了当地的几个柑橘无毒苗木种植基地，保证当地无毒柑橘苗的栽培。寻乌地处赣州南部，由于气候因素，这里发生柑橘黄龙病的程度要比北部县区严重。当地政府部门对柑橘黄龙病十分重视，从多方面寻求黄龙病的防治措施。在木虱防控方面，无论是化学药剂还是肥料施用方面，都有严格的监管和治理体系。政府还鼓励或指导农户将受感染的橘园进行砍伐或深挖，并要求村干部带头砍伐。大部分受黄龙病影响的农户家庭已将自家受黄龙病危害的柑橘病株砍伐。为了充分利用土地资源、降低农民因黄龙病的危害而受损，各地柑橘产区政府部门引导农民改种其他经济作物，如葡萄、百香果、西瓜等。另外，在柑橘园采用筛网来控制柑橘木虱，这种致密的筛网能有效地防治柑橘木虱进行田间传播，是一种绿色防治木虱的新技术。同时，还有部分果园建立了防护林隔离带，山顶种杉树，山下种柑橘，由于木虱的飞翔能力有限，所以，对致病菌的传染也是一种符合自然生态发展的措施。

3.3 针对柑橘木虱化学防治药剂的施用

在赣南地区，我们对当地防治柑橘木虱的化学药剂以及禁用药剂进行了统计汇总，药物施用的严格控制和管理制度为有效防治柑橘木虱、减少治理的盲目性提供了保障。

3.3.1 防治柑橘木虱的化学药剂清单（表1）

表1 防治柑橘木虱的化学药剂

化学药剂种类	杀虫剂
有机磷类	氯氰、毒死蜱
拟除虫菊酯类	高效氯氰菊酯、联苯菊酯、高效氯氟氰菊酯
阿维菌素类	阿维菌素
新烟碱类和砜亚胺类	啶虫脒、噻虫胺、呋虫胺、吡虫啉、噻虫嗪

3.3.2 部分柑橘园禁止使用农药清单（表2）

表2 部分柑橘园禁止使用农药

农药种类	农药名称	禁用原因
有机氯杀虫剂	DDT、硫丹、五氯酚钠	高残留
二甲基咪类杀虫剂	杀虫脒	致癌、慢性毒性
有机磷杀虫剂	胺磷、内吸磷、氧化乐果	高毒、高残留
氨基甲酸酯杀虫剂	克百威（呋喃丹）、丁硫克百威	高毒

3.4 柑橘木虱防控难点以及全面寻求新方案措施

目前，赣南地区柑橘木虱防控难点主要有以下几个方面：①柑橘木虱基数高，病树未砍伐彻底。②对柑橘果农的管理有困难，不能形成统一的管理措施。③对黄龙病的研究不深入，缺乏资金支持。由于柑橘黄龙病的高度传染性和难以治理性，为防止黄龙病的进一步大规模爆发和蔓延，当地政府部门以及柑橘果农必须积极寻求新的柑橘黄龙病治理方案，在条件合适地区引进生物防治木虱的方法，用现代科学技术通过综合防治手段实现绿色产品、生态环境目标。

4 对防治柑橘木虱的建议与展望

随着对柑橘黄龙病研究的不断深入，在病情防治方面也积累了许多经验，但黄龙病的防治对各地疫区来说仍然是项艰巨而长远的任务。在木虱防控方面，当地政府需加大果农对黄龙病防治的培训和咨询服务，解决果农在黄龙病防治中遇到的疑难问题。采用综合防治措施，包括生物防治、农业防治、物理防治等，有效控制病虫害的发生，同时保护植物不受侵害；积极推广绿色防治理念，全面推进柑橘黄龙病的防治工作。

5 参考文献

[1] 王瑞东,等.赣南脐橙园立地条件及种植现状调查与分析[J].中国南方果树,2011(1): 1-3.

[2] Reinking O A. Diseases of economic plants in South China[J]. Philippine Agriculture, 1919(8): 109-135.

[3] 柏自琴,周常勇.柑橘黄龙病病原分化及发生规律研究进展[J].中国农学通报,2012, 28(1): 133-137.

[4] Fan J, Chen C, Brlansky R H, et al. Changes in carbohydrate metabolism in Citrus sinensis infected with "Candidatus liberibacter asiaticus" [J]. Plant Pathology, 2010(59): 1037-1043.

[5] Coletta-Filho H D, Targon M, Takita M A, et al. First report of the causal agent of Huanglongbing ("Candidatus Liberibacter asiaticus") in Brazil[J]. Plant Disease, 2004, 88(12): 1382.

[6] Capoor S P, Rao D G, Viswanath S M. Disphorina citri Ku-way., a vector of the greening disease of citrus in india[J]. Indian Journal of Agricultural Sciences, 1967, 37(6): 572-576.

[7] 白华菊,龙梦玲.柑橘黄龙病研究进展[J].中国植保导刊,2009, 29(3): 13-16.

[8] 宋晓兵,彭埃天,陈霞,等.柑橘黄龙病病原培养及分子检测技术研究进展[J].广东农业科学,2013, 40(23): 65-69.

[9] 赵学源.重温广东杨村华侨柑橘场遏制黄龙病大发生经验的现实意义[J].中国南方果树,2008(1): 25-28.

[10] 陈国庆,鹿连明,林丹超,等.柑橘黄龙病防控技术研究进展[J].浙江柑橘,2012, 29(3): 20-26.

江西省不同地区与不同健康状况的脐橙内生菌的分离

吴 月

北京理工大学生命学院,北京 100081

摘 要:为了研究柑橘内生菌与黄龙病的相关性,本文将江西省瑞金市、赣州市、寻乌县及安远县采集的植物样本(分别包括根、茎、叶三部分),进行黄龙病内生菌分离,对比不同材料间内生菌的差异,并结合PCR检测黄龙病的方法对所有材料进行黄龙病检测,找出与黄龙病相关的内生菌,通过抑制内生菌达到抑制黄龙病的目的。结果表明:目前从材料中共分离出32株菌,其中HN3-13、HN3-19、HN3-20分别共同存在于病株与健康株、抗性株与病株、抗性株与健康株中,有较大研究价值。

关键词:黄龙病 内生菌 分离培养 抗性株

1 前言

2017年7月12日至18日,北京理工大学生命学院共15名队员在3位老师的带领下共同前往江西进行生态科考。考察内容主要是对江西瑞金、赣州、安远、寻乌的柑橘黄龙病进行走访调查并采样。

2 研究材料与方法

2.1 实验材料

2.1.1 植物材料

本实验所用植物材料信息见表1。

表1 植物材料采集信息

植物材料	样本数量	采集部位	采集时间	采集地点	采集人	简称
抗性株	1	根、茎、叶	2017年7月15日	安远县	吴月	抗
抗性株	1	茎、叶	2017年7月15日	安远县	陆江坤	F1
嫁接条健康株	1	茎、叶	2017年7月15日	安远县	吴月	王健
嫁接条健康株	2	根、茎、叶	2017年7月13日	石门村	吴月	石1
嫁接条健康株	3	茎、叶	2017年7月13日	石门村	吴月	石2
嫁接条健康株	4	根、茎、叶	2017年7月16日	江贝村	吴月	江1
嫁接条健康株	5	茎、叶	2017年7月16日	江贝村	吴月	江2
病株	1	根、茎、叶	2017年7月16日	寻乌县	吴月	病1
病株	2	茎、叶	2017年7月16日	寻乌县	吴月	病2
病株	3	根、茎、叶	2017年7月16日	寻乌县	吴月	病3
病株	4	茎、叶	2017年7月14日	赣州市柑橘研究所基地	陆江坤	研病

注：材料保存方法是用湿纸巾包裹植物枝条、叶片及根，并每天淋水；将材料洗净后用塑封带分装；保存于4℃冰箱。

2.1.2 试剂

土豆、葡萄糖、琼脂、0.1%氯化汞、75%酒精、植物DNA提取试剂盒、核酸染料、琼脂糖、TAE、tag mix酶、黄龙病特异性引物、16s（27F，1492R）通用引物、Marker、ddH_2O、液氮。

2.1.3 工具

PCR仪、电泳仪、离心机、涡旋震荡仪、剪刀、镊子、滤纸、微波炉、空培养皿、计时器、空烧杯、恒温培养箱、研钵。

2.2 实验方法

2.2.1 内生菌分离

2.2.1.1 配制培养基

2017年7月20日，配制PDA固体培养基，方法如下：

土豆200g，切丁后煮30min，过滤后取滤液，加葡萄糖20g，琼脂10g，水定容到1L。高压灭菌锅121℃灭菌20min后倒平板。

2.2.1.2 植物外植体灭菌

2017年7月22日，进行植物外植体灭菌，灭菌方法见表2。

表2 植物外植体灭菌方法

植物部位	自来水冲洗	75%酒精灭菌	0.1%氯化汞灭菌	无菌水冲洗
叶	1 min	1 min	5 min	3次
茎	3 min	1 min	10 min	3次
根	5 min	1 min	10 min	3次

2.2.1.3 植物外植体研磨后涂布

7月22日，用灭菌后的剪刀将植物叶片剪为$3\times3mm^2$大小，将茎段剪为3mm长度大小，将根剪为2mm左右大小，并在超净工作台内用无菌滤纸各称取0.5g，溶于5mL无菌水中，30min后吸取400μL液体涂布于PDA固体培养基。最后用封口膜封住培养皿边缘，灭菌报纸包裹，放在室温（27℃）下进行培养，每隔1天观察一次菌落生长结果，记录菌落形态及种类等信息。

涂布平板数见表3。

表3 7月22日植物材料涂布平板数

部位	来源	平板数/个
叶	抗	1
	F1	1
	王品健	1
	石门健1	1
	石门健2	1

续表

部位	来源	平板数/个
叶	江贝健1	1
	江贝健2	1
	寻乌病1	1
	寻乌病2	1
	寻乌病3	1
	研究所病	1
	抗	1
	F1	1
茎	王品健	1
	石门健1	1
	石门健2	1
	江贝健1	1
	江贝健2	1
	寻乌病1	1
	寻乌病2	1
	寻乌病3	1
	研究所病	1
根	抗	1
	石门健1	1
	江贝健1	1
	江贝健2	1
	寻乌病1	1
	寻乌病3	1
总计		28

2.2.2 黄龙病检测

2.2.2.1 植物DNA提取

（1）处理材料：叶片洗净后，吸干表面残留水分，各称取200mg，加入液氮充分研磨，加入400μL缓冲液LP1和6μL RNaseA，涡旋振荡1min，室温放置10min。

（2）加入130μL缓冲液LP2，涡旋振荡1min。

（3）12 000r/min离心5min，上清液转移至新离心管。

（4）加入1.5倍体积缓冲液LP3，立即充分震荡混匀15s。

（5）将上述溶液加入吸附柱CB3中（吸附柱放入收集管中），12 000r/min离心30s，倒掉废液，吸附柱CB3放入收集管中。

（6）向吸附柱CB3中加入600μL漂洗液PW，12 000r/min离心30s，倒掉废液，吸附柱CB3放入收集管中。

（7）重复步骤（6）。

（8）将吸附柱CB3放入收集管中，12 000r/min离心2min，倒掉废液，将吸附柱CB3置于室温放置数分钟。

（9）将吸附柱转入干净离心管中，向吸附柱中间部位悬空滴加100μL洗脱液TE，室温放置2~5min，12 000r/min离心2min，将溶液收集到离心管中。至此植物DNA提取完毕。

2.2.2.2　目的基因PCR

PCR反应体系见表4。

表4　PCR反应体系

项目	体积/μL	温度/℃	时间	循环数
Premix tag	25	94	5min	1
模板	5	94	30s	35
引物1	1	60	30s	—
引物2	1	72	60s	—
灭菌蒸馏水	18	72	5min	1

2.2.2.3　电泳检测目的片段的扩增结果

电泳参数见表5。

表5　电泳相关参数

项目	参数
电泳液	100mL
琼脂糖	2.5g
核酸染料	5μL
电压	125V
时间	20min

3 结果与分析

3.1 内生菌生长结果

从7月22日涂板起,至7月30日已分离纯化出32株菌,32株菌形态描述如表6。

表6 7月22日涂板至7月30日分离内生菌形态描述及来源

（8天；室温；PDA/牛肉膏）

编号	大小	种类	颜色	气味	光泽	是否隆起	形状	来源
HN3-1	<2mm	细菌	中浅黄外透明	无	有	扁平	圆形	F1茎
HN3-2	<1mm	细菌	浅黄	有	有	扁平	圆形	抗茎
HN3-3	<1.2mm	细菌	浅黄	无	有	扁平	圆形	B3根
HN3-4	<0.9mm	细菌	浅黄	无	有	扁平	圆形	王叶
HN3-5	<0.8mm	细菌	蓝黄	无	有	扁平	圆形	B2茎
HN3-6	<12mm	细菌	浅黄	有	有	扁平	不规则形	B3根
HN3-7	<0.5mm	细菌	浅黄	无	有	扁平	圆形	B2叶
HN3-8	<1.2mm	细菌	蓝	有	有	扁平	圆形	石1根
HN3-9	<2mm	细菌	黄	有	有	扁平	圆形	B2茎
HN3-10	<4.1mm	细菌	中乳白外透明	有	有	隆起	圆形	B3叶
HN3-11	<5.8mm	细菌	黄	无	有	扁平	圆形	江2根
HN3-12	<4mm	细菌	中黄外透明	有	有	扁平	不规则形	石1根
HN3-13	<11.3mm	细菌	中黄外透明	有	有	扁平	不规则形	研茎、石1根、B3根、B3茎
HN3-14	<12mm	细菌	乳白	有	有	扁平	不规则形	B3根
HN3-15	<1.2mm	细菌	浅黄	无	有	扁平	圆形	江1叶、江2叶、B1叶、王叶
HN3-16	<8.4mm	细菌	黄	有	有	扁平	椭圆形	石1茎
HN3-17	<1mm	细菌	红	无	有	扁平	圆形	王茎、江2茎

续表

编号	大小	种类	颜色	气味	光泽	是否隆起	形状	来源
HN3-18	<3mm	细菌	中黄外乳白	无	有	扁平	圆形	石2茎
HN3-19	<0.6mm	细菌	黄	无	有	扁平	圆形	抗茎、抗根、B1根
HN3-20	<6.8mm	细菌	白	无	有	扁平	圆形	抗根、石1茎
HN3-21	<4.5mm	细菌	乳白	无	有	扁平	圆形	石2茎
HN3-22	<1mm	细菌	浅黄	有	有	扁平	圆形	B1茎
HN3-23	<0.8mm	细菌	乳白	无	有	扁平	圆形	抗根
HN3-24	<3mm	细菌	乳白	有	有	扁平	圆形	石2叶
HN3-25	<1.1mm	细菌	黄	无	有	扁平	圆形	江1根
HN3-26	<3.9mm	细菌	浅黄	无	有	扁平	圆形	石2茎
HN3-27	<1.5mm	细菌	白	无	有	扁平	圆形	石2茎、石1叶
HN3-28	<2mm	细菌	透明	无	有	扁平	圆形	石2茎、江1茎
HN3-29	<2.4mm	细菌	浅黄	无	有	扁平	圆形	石2叶、B2茎
HN3-30	<4mm	细菌	黄	有	有	扁平	圆形	B3根
HN3-31	<2mm	细菌	白	无	有	扁平	圆形	抗根
HN3-32	<2mm	细菌	黄	无	有	扁平	圆形	江1叶

（1）从表6可以看出：此次试验材料共分离出32株菌，其中HN3-13、HN3-15、HN3-17、HN3-19、HN3-20、HN3-27、HN3-28、HN3-29共8株菌出现在不同的材料中——HN3-13在4种材料（3病1健）中出现，HN3-15在4种材料（3健1病）中出现，HN3-17在2种材料（2健）中出现，HN3-19在3种材料（2抗1病）中出现，HN3-20在2种材料（1抗1健）中出现，HN3-27在2种材料（2健）中出现，HN3-28在2种材料（2健）中出现，HN3-29在2种材料（1健1病）中出现。该8株菌具有研究意义。

（2）从表6可以得到不同材料不同部位分离出的微生物，如表7。从所选材料共28个平板中分离纯化出32种细菌。

表7 不同材料不同部位分离出微生物（注："–"表示没有微生物分离出）

材料	部位		
	根	茎	叶
抗	HN3-19、HN3-20、HN3-23、HN3-31	HN3-2、HN3-19	–
F1	–	HN3-1	–
王健	–	HN3-17	HN3-4、HN3-15
石1	HN3-8、HN3-12、HN3-13	HN3-16、HN3-20	HN3-27
石2	–	HN3-18、HN3-21、HN3-26、HN3-27、HN3-28	HN3-24、HN3-29
江1	HN3-25	HN3-28	HN3-15、HN3-32
江2	HN3-11	HN3-17	HN3-15
病1	HN3-19	HN3-22	HN3-15
病2	–	HN3-5、HN3-9、HN3-29	HN3-7
病3	HN3-3、HN3-6、HN3-30	HN3-13	HN3-10、HN3-13
研病	–	HN3-13	

3.2 黄龙病检测结果

3.2.1 第一次PCR及电泳结果

第一次电泳结果见图1及图2。

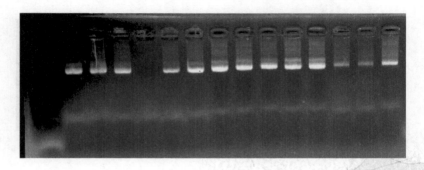

图1 通用引物扩增结果电泳图

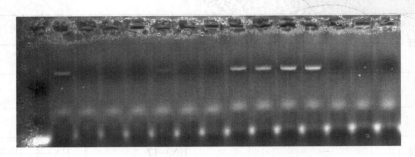

图2 黄龙病引物扩增结果电泳图

注：M-Marker；1-抗性株；2-F1；3-王品健；4-石门健1；5-石门健2；6-江贝健1；7-江贝健2；8-寻乌病1；9-寻乌病2；10-寻乌病3；11-柑橘研究所病；12-木虱1；13-木虱2；14-空白样

（1）由图1可以看到，除5号泳道没有目标基因外，其余所有泳道都有目标基因，表明除石门村健康株1号样DNA提取失败外，其余所有样品DNA提取皆成功。

（2）由图1可以看到，Marker条带异常，可能已经失效；空白样有条带，可能有污染。

（3）由图2可得，2、6、9、10、11、12号有目的条带，说明抗性株、石门村健康株2、寻乌病1、寻乌病2、寻乌病3、柑橘研究所病株6种材料都含有黄龙病菌基因。

3.2.2　第二次PCR及电泳结果

第二次电泳结果见图3及图4。

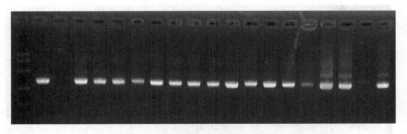

图3 通用引物扩增结果电泳图

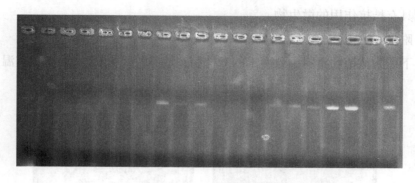

图4 黄龙病引物扩增结果电泳图

注：M-Marker；1/2/3-1抗；4/5/6-1F1；7/8/9-2抗；10/11/12-2F1；13/14/15-2抗根；16-B1；17-研病；18-空白样；19-2抗

由图4可得，抗性株、石门村健康株2、寻乌病1、寻乌病2、寻乌病3、柑橘研究所病株6种材料都含有黄龙病菌基因。其中石门村健康株2已染黄龙病菌，抗性株检测出含有黄龙病菌，然而5月采样抗性株检测无病菌，且两次F1均未检测出黄龙病，可继续观察该抗性株是否会表现出黄龙病症状，也许还处在黄龙病潜伏期，也许具有黄龙病抗性基因而不感病，这具有十分重要的研究价值。

4 结论与展望

从28个平板中分离纯化出32株菌，其中HN3-13、HN3-19、HN3-20分别共同存在于病株与健康株、抗性株与病株、抗性株与健康株中，有较大研究价值。

抗性株、石门村健康株2、寻乌病1、寻乌病2、寻乌病3、柑橘研究所病株6种材料都含有黄龙病菌基因。其中石门村健康株2已染黄龙病菌，抗性株检测出含有黄龙病菌，而其嫁接枝条F1未检测出黄龙病菌，可继续观察该抗性株是否会表现出黄龙病症状，也许还处在黄龙病潜伏期，也许具有黄龙病抗性基因而不感病，这具有十分重要的研究价值。

之后的实验可以从以下几个方面进行：①利用共培养的方法得到人工培

养的黄龙病菌。②通过影响内生菌达到控制黄龙病的目的。③试图从土样中得到具有拮抗作用的微生物。

附录

下图为从植物材料中分离出的32株菌，培养时间为4天，温度为室温。

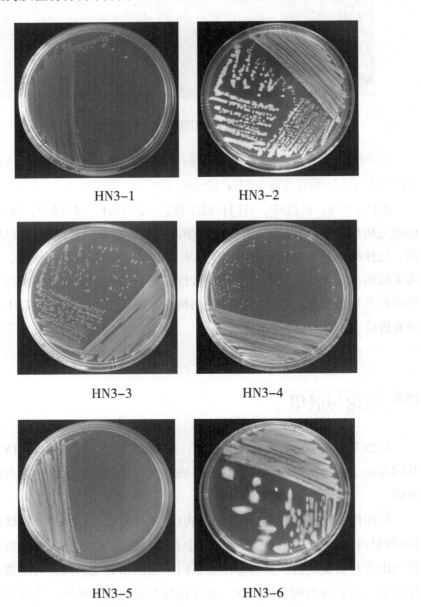

HN3-1　　　　　　HN3-2

HN3-3　　　　　　HN3-4

HN3-5　　　　　　HN3-6

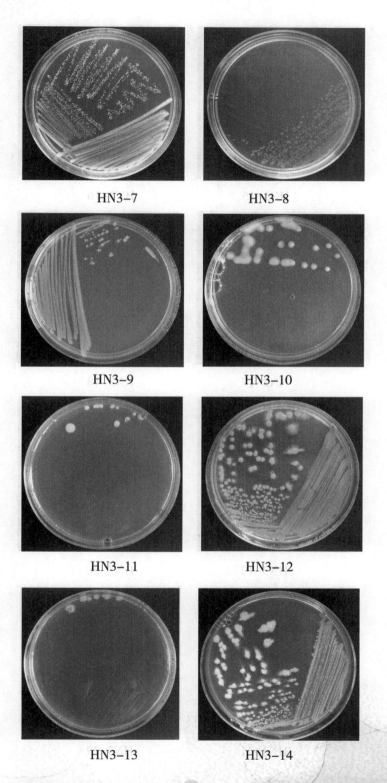

HN3-7　　　　　　　HN3-8

HN3-9　　　　　　　HN3-10

HN3-11　　　　　　HN3-12

HN3-13　　　　　　HN3-14

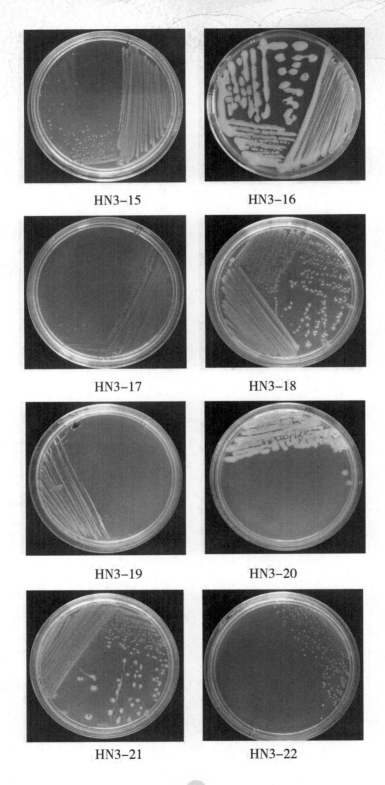

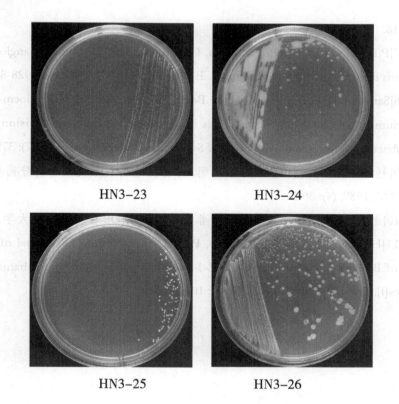

HN3-23　　　　　　　HN3-24

HN3-25　　　　　　　HN3-26

5 参考文献

[1]孙大光.柑橘黄龙病植株内生细菌群落结构多样性的研究[D].福州：福建师范大学,2012.

[2]刘胜贵,周玉莎,易江,魏麟,邹娟.柑橘内生菌的分离、鉴定及其对沙皮病的防治作用[J].生命科学研究,2016,20(5):429-434.

[3]罗永兰,张志元,喻珺.柑橘内生细菌的分离与鉴定[J].湖北农业科学,2006,(6):773-775.

[4]梁盛年,李充璧.肇庆地区柑橘内生细菌的分离及初步鉴定[J].安徽农业科学,2014,42(35):12510-12512.

[5]何佳,刘笑洁,赵启美,陈钧.植物内生真菌分离方法的研究[J].食品科学,2009,30(15):180-183.

[6]陈凯男.柑橘黄龙病病原检测方法的研究[D].呼和浩特：内蒙古师范大

学, 2016.

[7]P.Bella, G.Licciardello, A.Sicilia, C.P.Strano.Plant DNA for huanglongbing diagnosis in citrus samples from China[J]. Eur J Plant Pathol, 2016(146): 928-836.

[8]Sandrine Jagoueix, Joseph-Marie Bove, Monique Garnier.The phloem-limited bacterium of greening disease of citrus is a member of the α-subdivision of the proteobacteria[J]. International Journal of Systematic Bacteriology, 1994(7): 379-386.

[9]赵鸿燕, 周咏芝, 梁培华, 丁达明. 柑桔黄龙病病原类细菌的分离培养[J]. 浙江柑桔, 1989, (4): 30-31.

[10]谢攀. 柑橘黄龙病病原菌共培养体系的构建[D]. 重庆：重庆大学, 2015.

[11]H.Calvo, P. Marco, D.Blanco, P.Otia, M.E.Venturini.Potential of a new strain of Bacillus amyloliquefaciens BUZ-14 as a biocontrol agent of postharnest fruit diseases[J]. Food Microbiology, 2017(63): 101-110.

柑橘黄龙病检测

武睿鹏

北京理工大学生命学院，北京 100081

摘　要：柑橘黄龙病是柑橘生长过程中的重大病害，其病原菌能够侵染几乎所有的柑橘及其近缘属植物，我国对其的研究已有十几年的历史，但目前尚无该病的有效防治方法。因此，柑橘黄龙病已成为危害全球柑橘产业发展最严重的病害。据估计该病已经造成上亿株柑橘树染病或死亡，随着其在全球范围内的传播，该病已是近年来柑橘生产和研究受到普遍关注的热点。本文试图通过PCR技术对江西省柑橘黄龙病染病树不同部位的病菌的检测效果进行讨论。

关键词：柑橘黄龙病　PCR　检测

1 背景

1.1 柑橘黄龙病及病原菌

　　柑橘黄龙病是柑橘产业的一种毁灭性病害。据不完全调查，目前大约有1亿棵柑橘树感染柑橘黄龙病。柑橘发病后，枝梢变黄并引起整株黄化，长势衰退。感染黄龙病初期，部分新梢叶片出现黄化；而后1~2年全株即发病；发病后期，新梢细小、皱褶、抽生困难，叶片逐渐脱落，枝条由顶部向下枯死直至整株树死亡。叶片染病后则表现出多种类型的黄化症状，如均匀黄化、斑驳黄化和缺素型黄化等，最初叶片变得竖直，之后其离层区脱落，最终其叶柄脱落。果实的症状：果小、畸形、果皮光滑、无光泽、味酸、味苦，果面着色不均匀。黄龙病主要通过柑橘带菌种苗、带菌接穗或带菌柑橘木虱形成病原菌原，然后在柑橘枝条抽发时期进行大面积传播，继而对柑橘生产造成重大灾害。因其具有强感染性和致死性，江西省每年就有约1/3的柑橘树因黄龙病而遭砍伐，所以，及时地发现及检测到黄龙病菌是影响江西省柑橘产业良好发展的重要因素。

据目前的研究成果，推测柑橘黄龙病的病原菌属于革兰氏阴性菌，属于变形菌门的α亚群，病原为Proteobacteria纲，韧皮部杆菌属。根据菌体的热敏感性，该菌可分为亚洲型（Ca.L.asiaticus）、美洲型（Ca.L.americanus）、非洲型（Ca.L.africanus）。目前，主要分布于中国南方省市的为亚洲型。因此，可选用细菌DNA提取并进行PCR的方式，对其进行检测。对染病树进行PCR检测的技术已日趋成熟，但由于柑橘木虱寄生部位的不均匀，病菌的浓度与病害的严重程度并不严格地呈对应关系，所以用于检测与鉴定的样品的选取至关重要。同时柑橘黄龙病存在数个月的潜伏期，此期间无法通过肉眼观察到患病，只有早发现早诊断早治理，才能真正有效地解决黄龙病的问题。

1.2 柑橘黄龙病国内外检测及防治研究进展

目前，由于缺乏有效防治药剂以及抗病品种，柑橘黄龙病尚无有效的根治方法。用四环素类化学药物只可以减轻柑橘树表现出的症状，但不能根除其病菌。培育和种植无病苗木被认为是目前防治黄龙病最有效的方法之一，具体是通过柑橘茎尖微芽嫁接法（STG）培育无病苗木；对园内病树进行挖除，补栽无病菌苗木；严格检查进入柑橘果园的树苗和接穗，有关检疫部门对出入境的柑橘树苗实行严格检疫；及时喷药防治柑橘木虱，以切断黄龙病菌的传播源。

PCR技术高度灵敏，能检出和扩增任何仅含有一个DNA模板的样品，能够从植物样本中准确地检测到病菌的DNA。PCR检测法又分为四种，即常规PCR、巢式PCR、定量PCR、实时荧光PCR。目前最有效的方法是定量PCR检测方法。定量PCR技术是在PCR定性技术基础上发展起来的基因定量技术，克服了原有PCR技术存在的不足，能准确敏感地测定模板浓度并检测基因变异动态等。2005年9月，在黄龙病传入美国以后，对其研究的步伐显著加快，研究水平也不断提升。在美国政府的高度重视和巨额资助下，美国多个科研机构凭借良好的科研设施，迅速、全方位地开展了柑橘黄龙病的研究，其中有很大一部分涉及黄龙病发生的分子机理研究，部分研究结果已从基因转录组水平上比较清楚地揭示了黄龙病发生及其症状形成的分子机制。

2 研究材料与方法

2.1 实验材料及处理

2017年7月对江西省各个地区柑橘果园内柑橘黄龙病发病情况进行了调查，在果园内采集赣南脐橙健康树和患病树树株的树上叶片及侧根作为供试样品，并将供试样品带回实验室，进行预处理后于-20℃保存备用。

样品经液氮冷冻并充分研磨，用细菌DNA提取试剂盒进行DNA提取。

2.2 PCR扩增

以上述所提取的DNA为模板，采用黄龙病菌特异性检测引物HLBas/HLBr（HLBas:5'-TCGAG CGCGT ATGCA ATACG-3'；HLBr: 5'-GCGTT ATCCC GTAGA AAAAG GTAG-3'）对其进行PCR扩增。

PCR反应体系包含以下组分：

HLBas引物	0.5μL
HLBr引物	0.5μL
DNA模板	1μL
PCR mix	12.5μL
无菌水	10.5μL
总反应体积	25μL

同时采用COXf/COXr（COXf：5'-GTATG CCACG TCGCA TTCCA GA-3'；COXr：5'-GCCAA AACTG CTAAG GGCAT TC-3'）植物DNA通用引物进行扩增，检测DNA提取效果。

PCR反应体系包含以下组分：

COXf引物	0.5μL
COXr引物	0.5μL

DNA模板	1μL
PCR mix	12.5μL
无菌水	10.5μL
总反应体积	25μL

反应各组混匀后，按以下反应程序进行PCR扩增：94℃预变性4min；94℃变性1min，55℃退火1min，72℃延伸1min，35个循环；72℃补平10min。PCR扩增反应完成后，PCR产物经2%的凝胶电泳进行检测。

3 结果与分析

3.1 病树体内黄龙病菌的检测结果

样品叶琼脂糖凝胶电泳结果如图1~图3所示。

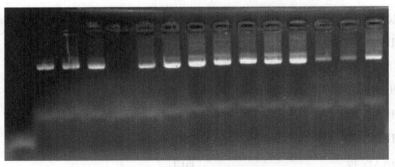

图1　通用引物扩增结果电泳图

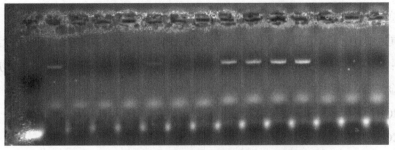

图2　第一次黄龙病菌特异性引物扩增结果电泳图

注：M-marker-Ⅲ；1-抗性株；2-F1；3-王品公司健康株；4-石门村1；5-石门村2；6-江坝村健康株1；7-江坝村健康株2；8-寻乌县病株1；9-寻乌县病株2；10-寻乌县病株3；11-柑橘研究所病株；12-木虱1；13-木虱2；14-空白对照

图3　第二次黄龙病菌特异性引物扩增结果电泳图

注：M-Marker-Ⅲ；1-患病株叶；2-患病株根；3-柑橘研究所叶；4-空白对照

3.2 讨论

由图1可知，除第4道外均成功提取到DNA，图2显示1、5、8、9、10、11均扩增出约1 200bp的DNA片段，为黄龙病菌DNA，与预期基本符合。传统PCR方法对感病叶片中黄龙病菌的检测有一定作用。

图3的1、2道的条带显示，从病树根部也可检测到黄龙病菌的DNA，从江西省赣州市柑橘研究所了解到，柑橘树受木虱叮咬后黄龙病菌进入韧皮部寄生，造成韧皮部筛管淀粉代谢紊乱及胼胝体沉积物聚集，堵塞筛管，从而使感病植株糖分向下运输受阻，导致根系发生饥饿。同时，在黄龙病菌随筛管向下运输、进入根系的过程中，从感染到根系中出现黄龙病菌只需数小时，因此韧皮部感染的黄龙病菌于根系中富集，对根部的黄龙病菌进行检测能够获得较叶脉更高的准确性与有效性。

4 展望

从发现柑橘黄龙病至今，对柑橘黄龙病的研究一直没有停止过，虽然尚未发现有效治疗黄龙病的方法，但目前对于黄龙病的防治工作已取得良好效果，可通过微芽嫁接培育无毒苗木并移栽至大棚统一管理，及时打药，从而将黄龙病造成的危害降至最低。而早期诊断到黄龙病病原菌的存在也是抑制黄龙病暴发的重要方法之一。总之，柑橘黄龙病检测诊断方法在不断发展，随着科学技术的不断进步，新的黄龙病检测方法还会出现，而且检测方法将会变得更简单、快速、灵敏。

5 参考文献

[1]朱建华. 柑桔黄龙病防治中存在问题探讨[J]. 中国南方果树, 1987.

[2]傅仕敏. 柑橘黄龙病的细胞病理及其寄主转录组学研究[D]. 西南大学, 2014.

[3]程春振, 曾继吾, 钟云, 等. 柑橘黄龙病研究进展[J]. 园艺学报, 2013, 40(9): 1656-1668.

[4]许美容, 戴泽翰, 孔维文, 等. 基于分子技术的柑橘黄龙病研究进展[J]. 果树学报, 2015, 32(2): 322-334.

[5]陈凯男, 李充璧. 柑橘黄龙病研究概况[J]. 浙江农业科学, 2015, 1(7).

[6]张利平. 柑橘黄龙病检测方法研究进展[J]. 浙江柑橘, 2009, 26(4): 35-39.

[7]Bové J. M. Huanglongbing: a Destructive, Newly-emerging, Century-old Disease of Citrus[J]. Journal of Plant Pathology, 2006, 88(1): 7-37.

[8]Graftoncardwell E.E, Stelinski L.L, Stansly P.A. Biology and Management of Asian Citrus Psyllid, Vector of the Huanglongbing Pathogens[J]. Annual Review of Entomology, 2013, 58(1): 413-432.

国内外柑橘黄龙病防治方法研究和对比

赵 亮

北京理工大学宇航学院，北京 100081

摘 要：柑橘是全球最重要的经济作物之一，是世界第一大类水果，是世界第三大贸易农产品，包括中国、美国、巴西在内的多个国家均有种植。得益于得天独厚的自然环境，江西省赣州市是中国主要的柑橘种植地，然而近年来爆发的柑橘黄龙病对世界范围内的柑橘产业造成了严重的影响。本文通过调查赣州地区对柑橘黄龙病的防治策略及对其他地区防治方法的了解，对比国内外柑橘黄龙病的主要防治方法，最终初步发现了赣州地区黄龙病防治的问题并提出相关建议，进而为完善赣州地区黄龙病防治方法、促进脐橙产业在赣州地区的发展作出贡献。

关键词：柑橘黄龙病　赣州　防治方法

1 引言

柑橘（Citrus Reticulata Blanco）属芸香科下属植物，性喜温暖湿润气候，耐寒性较柚、酸橙、甜橙稍强。芸香科柑橘亚科分布在北纬16°~37°，是热带、亚热带常绿果树（除枳以外），用作经济栽培的有3个属：枳属、柑橘属和金柑属。中国和世界其他国家栽培的柑橘主要是柑橘属。

1.1 国际种植情况

柑橘是全球最重要的经济作物之一，在热带、亚热带地区均有种植。近年来世界柑橘种植面积稳步增长，据联合国粮食及农业组织（FAO）

数据，2000—2015年由876.73hm²增至1343.27hm²（2015年数据是根据2000—2014年年均增长率推算而来的），年均增长率2.90%。目前世界柑橘种植地主要集中于亚洲，其种植面积占世界柑橘种植总面积的52.90%，美洲、非洲的占比分别为24.50%、16.60%，欧洲和大洋洲的合计占比为6%。2014年柑橘种植面积排名前10位的国家分别为中国（240.40万hm²）、印度（101.90万hm²）、尼日利亚（79.15万hm²）、巴西（77.80万hm²）、墨西哥（56.41万hm²）、美国（31.47万hm²）、西班牙（30.08万hm²）、埃及（18.52万hm²）、意大利（14.99万hm²）和阿根廷（13.45万hm²）。

世界上有135个国家生产柑橘，年产量10 282.2万吨，面积10 730万亩，两项均居百果之首，产量第一位的数巴西，2 425.26万吨，第二位数美国，1 633.52万吨，中国第三，1 078万吨，再后是墨西哥、西班牙、伊朗、印度、意大利等国。

1.2 国内种植情况

1.2.1 概况

全国不包括台湾地区有9个主产柑橘的省区，分别是湖南、江西、广东、四川、湖北、广西、福建、重庆和浙江。表1为中国九大柑橘主产省区种植情况。

表1 中国九大柑橘主产省区种植情况

地区	湖南	江西	广东	四川	湖北	广西	福建	重庆	浙江
面积/万亩	586.22	461.54	435.08	401.78	366.72	309.96	263.7	221.25	168.3
产量/万吨	402.42	356.71	378.68	319.4	330.97	354.98	330.41	153.33	194.44
平均亩产/千克	717.17	772.84	870.38	794.97	902.51	1 145.25	1 139.21	693.02	1 155.32

柑橘栽培面积排前3位的是湖南（39万公顷）、江西（31.26万公顷）和广东（29.46万公顷）；产量排前3位的是湖南（402.42万吨）、广东（378.68万吨）和江西（356.71万吨）；柑橘主产省区平均亩产排前3位的是浙江1 155.32千克，广西1 145.25千克，福建1 139.21千克。

本文所调查研究的是江西省赣州市的柑橘业情况。

赣南脐橙（柑橘属），江西省赣州市特产，中国国家地理标志产品。赣南脐橙年产量达百万吨，原产地江西省赣州市已经成为脐橙种植面积世界第一、年产量世界第三、全国最大的脐橙主产区。

赣南脐橙果大形正，橙红鲜艳，光洁美观，可食率达85%，肉质脆嫩、化渣，风味浓甜芳香，含果汁55%以上。

赣南脐橙已被列为全国十一大优势农产品之一，荣获"中华名果"等称号。赣南脐橙作为江西省唯一产品，入围商务部、质检总局中欧地理标志协定谈判的地理标志产品清单。

2017年，赣南脐橙列入中欧"100+100"互认保护名单。

1.2.2 生产情况

2002年以后，赣州市新开发种植的脐橙面积以年均近20万亩的速度迅速扩张。

2005年年底，全市脐橙总面积从2000年的30万亩迅速增加到115万亩，产量从2000年的2.3万吨增加到36万吨。

2011年脐橙种植面积达174万亩，产量达133万吨。2011年果业产业集群总产值达60亿元，其中果品销售收入25亿元。有脐橙种植户24万户，从业人员70万人，果农人均果业收入达2 700元。

2013年，赣南脐橙种植总面积达183万亩，总产量达150万吨。2013年全市实现脐橙产业集群总产值80亿元，其中鲜果收入40亿元，帮助25万种植户、70万果农增收致富；果农人均脐橙收入5 800元，占果农人均收入的80%，脐橙收入占全市农民人均纯收入的12%。

2014年，赣南地区赣州市脐橙种植面积世界第一、年产量世界第三，产量达120万吨左右，占全球脐橙产量的15%；除国内市场外，还远销东南亚、俄罗斯、北美等20多个国家和地区。

2013年至2014年生产季赣南脐橙出口量达3.9万吨，货值3 252万美元，同比分别增长14倍和11倍。

2017年，赣州市脐橙种植面积达155万亩，占世界的17.2%、全国的44.7%；产量108万吨，占世界的11.3%、全国的39.6%。种植面积、年产量居全国第一。表2为赣南脐橙主要产区。

表2 赣南脐橙主要产区（资料截至2011年）

产地	种植面积/万亩	产量/万吨
信丰县	30	10
寻乌县	27	30
安远县	30	32
会昌县	20.6	13
瑞金市	15	7

1.3 柑橘黄龙病

柑橘黄龙病又称黄梢病，是国内植物检疫对象病害，苗木和幼龄树发病后1～2年内枯死，成年树发病后在2～3年内丧失结果能力。其症状在初期表现为在个别植株的少数新梢上发病，在浓绿的树冠中掺有少量黄梢，俗称插金花或鸡头黄。病梢上的叶质变硬而脆，从叶片的基部开始叶肉变黄而主脉侧脉仍保持绿色，呈黄绿相间的斑驳状，叶脉肿大，局部木栓化开裂或全叶均匀黄化。

1919年，在华南地区首次发现柑橘黄龙病。目前为止，中国19个栽培柑橘的省区已经有11个遭受过柑橘黄龙病危害，受灾面积已达总面积的80%，损失产量占总产量的85%左右。2004年和2005年在巴西圣保罗州、美国佛罗里达州分别发生了柑橘黄龙病灾害，给柑橘种植者造成了极大损失。美国佛罗里达州最早于2005年发现柑橘黄龙病，这种病害大有摧毁该州柑橘行业之势。据调查显示，自2007年以来，病害已导致佛罗里达州损失了78亿美元的收入、16.22万英亩的柑橘以及7 513个工作岗位。除去地中海盆地、太平洋岛屿、澳洲和西亚之外，亚洲、非洲、大洋洲、美洲的40多个国家都相继发生过柑橘黄龙病灾害。

因此，对柑橘黄龙病防治方法的研究具有重要的意义。

我们此次赴江西赣州调查的目的就是通过对该地区柑橘黄龙病防治方法的考察研究，了解柑橘黄龙病的危害情况、防治措施和防治效果，总结目前国内主流黄龙病的防治方法；再通过与国外柑橘黄龙病主要防治方法的对比，从而发现赣州地区柑橘黄龙病防治方法可能存在的不足，进而提出科学合理的建议，促进赣州柑橘种植产业的发展。

2 调查方法

2.1 赣州市政府

赣州市政府办公楼位于赣州市中心城区。

调查方式：与赣州市果业局赖总工程师进行访谈。

调查情况：通过一个小时的访谈，了解赣南脐橙产业情况、赣州地区整体柑橘黄龙病的往年情况及防治措施。

2.2 瑞金市会昌县石门村

会昌县西江镇石门村是赣州市的一个普通农村。

调查方式：访谈村委会，实地考察该村柑橘果园。

调查情况：了解该村防治黄龙病的实际情况（相对于此前赣州市政府的宏观情况）。

2.3 安远县

安远县是赣州市的柑橘种植大县，也是受灾比较严重的地区。

调查方式：与安远县果业局魏站长进行访谈。

调查情况：了解安远县近年来柑橘黄龙病的防治措施及目前尚存的问题。

2.4 寻乌县

寻乌县也是赣州市的柑橘种植大县，受灾情况最为严重。

调查方式：实地考察多个乡镇柑橘生产示范基地，包括澄江镇黄岗金皇果园基地、富橙果业专业合作社；和寻乌县果业局局长进行访谈。

调查情况：寻乌县大棚隔离防治方法的经济效益、用药情况及产业转型问题。

3 结果与分析

3.1 赣州全市

3.1.1 受灾情况

2012年开始发生黄龙病，2013—2014年最为严重，其中南方区域更甚，最高染病率19.7%，总共砍除4 100万株染病植株，用于治理黄龙病的经费达5.2亿元。

3.1.2 防治核心技术

砍病树；防木虱（联防联控机制）；种无毒苗木。

3.1.3 具体措施

（1）通过培训及田间指导等方式，提高果农对黄龙病的认识。

（2）组织专家进入果园进行逐株普查。一经发现，先杀木虱后砍树。

（3）联防联控机制：果园在统一时间统一喷药；药剂两两组合使用以降低抗药性；喷药时期为春梢、夏梢、秋梢、晚秋梢四个抽梢时期及冬季清园时期；时间选择原因：木虱一般会将卵产在嫩芽上。

（4）严格管理无毒苗木的育种工作，控制市场，清理市场商贩的柑橘苗木以保证产业安全。

（5）砍树之后的恢复方法：将果园分隔成若干小区，用以沙树为主的防风林进行隔离，阻挠木虱的扩散。隔离带宽6~20米。

3.1.4 防治效果

现总体染病率为7.2%，病害蔓延趋势已得到遏制；2015年以后正常管理的果园已很少出现木虱。

3.1.5 尚存问题

黄龙病有多年的潜伏期，不易于检测。

表3为赣州市全市柑橘黄龙病染病情况。

表3　赣州市全市柑橘黄龙病染病情况

年份/年	2012（不完全统计）	2013	2014	2015	2016
染病株数/万	161.6	1 069	1 825	684.4	519
染病率/%	2.48	10.8	19.7	8.3	7.21

3.2　赣州市石门村

3.2.1　受灾情况：（不详）

3.2.2　防治核心技术

检测+砍树+喷药。

3.2.3　具体措施

（1）县果业局派专家定期进入果园进行检测；一经发现，直接砍除。当染病树数量小于全园1/3时，只砍病树；当染病树数量大于全园1/3时，全园砍除；政府对砍树会有补贴。

（2）每年2月～8月月底为喷药时期，喷药的主要目的是杀木虱。

3.2.4　防治效果（不详）

3.2.5　尚存问题

近年来气候温度升高，冬季的温度已不能冻死过冬木虱，导致木虱活动频繁；喷洒药物只能针对柑橘树树枝上的木虱，对于隐藏在草丛中的木虱效果并不显著。

3.3　赣州市安远县

3.3.1　受灾情况

2012年开始调查脐橙染病情况，2013年黄龙病大爆发，全县1 600万株柑橘树有1 178万株染病，染病率高达72.2%。染病树全部砍除之后损失巨大。

3.3.2　防治核心技术

砍病树；种无毒苗木；杀木虱（联防联控机制）。

3.3.3　具体措施

（1）检测方法。采集枝条、叶子、果实到就近的研究所检测。

（2）责任制。每块果园都有干部负责监督。

（3）从农业部获得1亿多元的资金用于砍病树补贴、果农培训补贴、苗木补贴。

（4）砍病树方法。政府组织专业队强制砍除病树：①无毒苗木方法：县里有3个定点育苗基地；政府统一出售无毒苗木，打压外部三无苗木。②杀木虱方法：调用直升机进行药物喷洒，一天可完成2万～3万亩的药物喷洒工作（简称"飞防"）。

（5）建立生态果园。通过退耕还林、自然平衡等方式减轻病虫害影响。一座柑橘果园山山顶改种植涵养林，四周建隔离带。在每年5～6月进行切除嫩梢的工作，以阻断木虱的繁殖。

3.3.4　防治效果

全县上下对黄龙病的认识和防控能力提高。

3.3.5　尚存问题

（1）共计3万户果农很难做到统一，技术措施很难管理到位，仍有部分果农对黄龙病认识不足。

（2）调用大量人力财力，但效果并不显著。

（3）病树还没有被砍除净（政府不能强制砍除果农的病树，法律不允许），形势仍比较严峻。

（4）国家对黄龙病的研究投入不足。

（5）黄龙病的防治工作任重而道远。

3.4　赣州市寻乌县

3.4.1　受灾情况（不详）

3.4.2　防治核心技术

网罩隔离法、无毒苗木培育。

3.4.3　具体措施

（1）定点两家买苗木，农粮局监管苗木的买置工作。

（2）染病严重区域进行产业转型。

（3）建设生态标准示范园：山顶种防护林，山底种树，改种其他经济作物。

（4）化学用药根据国家六级标准使用，药剂轮换使用，每10～20天打一次。

防治柑橘木虱的化学药物：毒死蜱、吡虫啉、啶虫脒、呋虫胺、噻虫嗪、阿维菌素、联苯菊酯、高效氯氟氰菊酯、高效氯氰菊酯、丁硫克百威。

3.4.4 防治效果

染病率显著降低。

3.4.5 尚存问题

（1）寻乌县果农比较抵触产业转型，不认可其他作物。

（2）罩网影响通风和太阳辐射，导致柑橘品质降低。

3.5 赣州地区黄龙病防治方法综述

经过对赣州市政府及多个柑橘种植重点县的走访调查，了解到赣州地区柑橘黄龙病防治方法的核心是砍病树、杀木虱和培育无毒苗木这三步。

砍病树：赣州市对柑橘树的检测方法有很多，包括专家田间检测、研究所检测等；全市上下对染病植株一律进行砍除，除此还要对染病植株上的木虱进行灭杀，防止树倒虫飞。

杀木虱：在木虱繁殖产卵期间（即柑橘树抽梢时期）进行重点喷药防治工作，以最大限度地消灭木虱。

培育无毒苗木：比较有规模的种植区域都开始了无毒苗木的培育工作。这种方法可追溯到中国学者林孔湘教授在1956年曾提出控制黄龙病要用"三步法"，即使用无毒繁殖材料、铲除病原（树）和防控木虱。该方法至今仍然是柑橘黄龙病防控的不二方法，已为世界各国普遍采用。

除此之外，赣州地区也有其独特的防治方法，即建设生态林。在赣州多地可见到柑橘种植区的生态防护林建设，即通过隔离带、戴帽林等物理方式阻隔木虱的传播，有效遏制病害的扩散，进而保护非疫区。

3.6 国内外黄龙病防治方法对比

除林孔湘教授提出的"三步法"外，国外很多国家也有自己针对黄龙病的防治策略。通过对国外部分地区柑橘黄龙病防治的了解，我们可以从以下几个重点方向展开国内外的对比（表4）。

表4　国内外黄龙病防治方法对比

对比项	国内	国外
病虫害防治	在木虱繁殖产卵期间（即柑橘树抽梢时期）进行重点喷药防治工作，以最大限度地消灭木虱（江西） 加强防治蚜虫和其他病虫（广东、广西）	向树干或土壤施用内吸性杀虫剂控制木虱；用内吸性杀虫剂涂杆防治柑橘木虱（南非）
病树处理	及时对染病植株进行一律砍除，除此还要对染病植株上的木虱进行灭杀，防止树倒虫飞（江西）	在确证黄龙病植株后15天内农场主必须砍除病株，否则，将被罚款2万巴币（相当于人民币8万元）；砍除病树后用除草剂涂刷树桩并盖黑膜杀死残桩（巴西）
苗木管理	政府统一销售无毒苗木，销毁个体商贩贩卖的不安全树苗（江西） 加强肥水管理，注意选用投产早的砧木（广东、广西、福建地区）	严格控制柑橘苗木及相关柑橘材料的运输；提供经由南非柑橘发展部(South African Citrus Improvement Scheme,CIP)鉴定的无病毒苗（南非） 全部柑橘苗圃采用网室培育无病苗（巴西）
种植管理	建设生态林、戴帽林等，隔离染病区（江西）	所有柑橘苗圃必须在政府相关部门登记注册（巴西）
政府干预情况	出台防治政策，管理苗木销售	制定相关政策对病树进行强制清理，以政府为主进行苗木选育和种植管理

通过对比可以得出：虽然赣州市有比较详细的防治策略，但仍然存在一些问题：

首先，柑橘黄龙病染病树的检测工作目前还不够完善，检测方法还比较单一，大多为田间诊断法，但此法的缺点是主观性较强，准确率不高。

其次，通过对赣州市和县级再到村级的防治情况的对比，不难发现赣州市政府的防治方案很完善全面，但在向下一级进行信息传递和具体实施的过程中，有很多工作仍然没有完成，导致县级和村级的黄龙病防治工作并没能像预期那样进行。甚至有些地方的个体农户还是采用原始的"染病则砍，不染不砍"的保守防治方法。

而且通过国内外的对比不难发现，国内政府对黄龙病防治的干预程度远不及国外诸如南非、巴西等国家政府。

总而言之，虽然各国目前都在努力开展柑橘黄龙病的准确诊断及治疗方法的研究，但在尚无突破性结果的情况下，各国主要的工作仍放在黄龙病的防治上。世界范围内主要采用以下方法。

（1）选择生态条件适宜的隔离地区建立果园。

（2）种植良种无病苗。各省要按检疫要求，不引进病接穗与病苗，同时建立良种无病繁育体系，培育无病苗，解决苗木的需求。

（3）防治虫媒木虱。在某些地区如非洲留尼旺岛采用生物防治（寄生蜂Tamarixiaratiata, Tetrastiehusdryi）效果甚好。但是，我们仍然强调用化学防治。虽然我国南方产区也存在T.artiaat等寄生蜂，但受重寄生蜂的影响很大，效果不明显。

（4）挖除病株或重剪病枝，特别要清除放弃、失管的果园。因此，要建立检查制度，在快速检测技术尚未在田间应用前，在每年病株出现病状最明显的10~12月间，检查果园，检查病树，依据斑驳病状进行诊断，及时处理重病果园，放弃、失管果园以及病树。

（5）加强果园管理，创造柑橘生长的优良农业生态环境等措施，综合而巧妙地加以运用，从而达到新果园不发生或少发生黄龙病、老果园黄龙病发生率逐年下降的效果。1980—1985年，福建省在闽侯、永春、三明、宁德等地建立的示范果园，迄今10~15年生的几万株柑橘树，尚未发现黄龙病，只有长泰示范果园，前年发生木虱去年发现黄龙病。这充分说明了综防的实践效果。

3.7 建议

3.7.1 坚持对柑橘黄龙病的"三步法"

鉴于赣州地区一直以来使用砍病树、杀木虱、培育无毒苗木的"三步法"，而且通过近年来柑橘树染病率的降低可发现该方法对赣州地区黄龙病的防治确实起到了显著的效果。政府及果农应坚持"三步法"的实施，不可因染病率的下降而大意，疏忽防治工作，导致黄龙病出现反复。

3.7.2 提高并完善黄龙病诊断技术

赣州地区对黄龙病的检测技术尚不完善，市政府应尽快健全除传统田间检测法之外的包括电镜检测、免疫学检测、核酸分子检测在内的多重黄龙病检测制度，提高对本地区柑橘树染黄龙病的发现率，进而尽早防治，降低染病率。

3.7.3 加强黄龙病防治的开展实施工作

目前赣州市大规模的柑橘果园防治工作比较成功，染病率大多已控制在了10%以下；但很多地方性的小柑橘基地、个体果农种植的果园在黄龙病的防治工作上还不够完善。市、县政府应加强对果农和果园负责人、工程师们的培训指导。不忽视任何一个果农，不放弃任何一片果园，统一全市范围内的柑橘黄龙病防治工作，尽力避免黄龙病防控各地区参差不齐的现象。

3.7.4 加强政府干预

由于我国法律对农民私有财产（果园）的保护，加之果农的不理解，赣州市政府很难贯彻执行防治政策，进而影响了防治效果。赣州市政府应努力协调各方，以柑橘产业的大局为重，强有力地实行既定的防治政策。对阻碍政策实施的企业或个体进行政策指导和教育。

4 参考文献

[1] 齐乐, 祁春节. 世界柑橘产业现状及发展趋势[J]. 农业展望, 2016(12): 46-52.

[2] 沈兆敏. 我国及主产省市区柑橘生产现状及发展前景[J]. 果农之友, 2013(2): 3-5.

[3] 美国佛罗里达州80%的柑橘树受黄龙病感染[J]. 农药市场信息, 2016(11): 46.

[4] 陈凯男, 李充璧. 柑橘黄龙病研究概况[J]. 浙江农业科学, 2015(7): 1048-1050, 1069.

[5] 程春振, 曾继吾, 钟云, 闫化学, 姜波, 钟广炎. 柑橘黄龙病研究进展[J]. 园艺学报, 2013(9): 1656-1668.

[6] 赵学源, 蒋元晖. 回顾广西柑橘黄龙病防治研究二十年(1963—1982)[J]. 南方园艺, 2015 (6): 12-14, 21.

[7] H. F. Le Roux, 付慧敏, 陈传武, 白先进. 南非柑橘黄龙病治理概况[J]. 广西园艺, 2007(1): 55-56.

[8] 白先进. 国际柑橘黄龙病工作研讨会在巴西圣保罗召开[J]. 广西园艺, 2006(5): 49.

[9] 黄伟锋, 洪添胜, 吴伟斌, Mwape. 柑橘黄龙病检测方法研究进展[J]. 广东农业科学, 2012(16): 60-64, 239.

[10] 柯冲. 国内外柑橘黄龙病研究与防治概况[J]. 广西柑桔, 1996(1): 6-8.

江西赣南地区柑橘黄龙病的概况及其与土壤肥料的关系
——土壤肥料中各因素及使用情况对柑橘生长的影响

赵天扬

北京理工大学生命学院，北京 100081

摘　要： 近年来，柑橘黄龙病在全世界范围内大肆爆发，中国的赣南地区情况尤为严重，造成的损失巨大。柑橘黄龙病被称为柑橘的癌症，危害极大，是一种传染性、毁灭性的病害。本文一方面介绍了江西省赣南地区柑橘黄龙病的爆发情况、严重程度以及危害性；另一方面，考虑到土壤对于植物生长的重要性，探究了柑橘黄龙病的发生与土壤中 N、P、K 等相关因素之间的关系，通过比色检测参数含量和土壤微生物离体培养的方法发现二者之间并无太多关联，科学合理的施肥培土虽不能直接地应症于黄龙病，但可以通过提高土壤肥力、健壮树体，以达到预防柑橘树感染黄龙病的目的。本文结合赣州地区的肥料情况，着重从肥料各元素的含量、配比，肥料的施用方式、时间、次数、种类等方面进行阐述。在防控黄龙病的同时增强柑橘树的抗病性，从而更好地降低黄龙病的发病概率。

关键词： 柑橘黄龙病　柑橘黄化　黄龙病的预防　科学施肥

1 前言

1.1 柑橘黄龙病的爆发情况与危害

1.1.1 柑橘黄龙病的发展概况与危害性

柑橘黄龙病是危害柑橘生产最危险的一种传染性、毁灭性病害。这种疾病最早在亚洲和非洲发展得较为严重，2004年在西半球也发现过此种疾病，近年来，在中国的广东、广西、福建、海南和台湾地区的柑橘产区广泛蔓延。柑橘树受黄龙病原侵染后，轻则树势衰退，产量骤减，果实品质下降；重则植株3～5年内枯死。一个生长茂盛的柑橘园感染了黄龙病后则可在短短的几年内全部毁灭。不仅如此，由于柑橘黄龙病病原能侵染各种柑橘类植物，这也将对我国柑橘种质资源的保护构成严峻的挑战。

1.1.2 江西省赣南地区的柑橘生长发展状况

江西省赣州市是全国的柑橘主产区之一，柑橘种植地的面积、产量、品质都排在全世界的前列，然而，却因黄龙病的爆发也迎来了巨大的灾难。根据当地相关部门的介绍，赣南地区的黄龙病历史较为长久，从20世纪70年代末便已发现该种疾病，但是柑橘的患病情况并不严重。到1986年经历了黄龙病的第一次爆发，当地的部分乡镇损失严重，数以百万亩计的柑橘树木患病。再次爆发是在2013年，此次爆发直接导致了将近1 000万亩柑橘的损失，而早在2011年，便已经发现了大量的木虱。而柑橘黄龙病有长期的潜伏期和区域分散性，这更加重了根除的难度，不仅如此，果园中病树的无规律分布等因素都使疾病的控制更加复杂。所以在这之后的两年，黄龙病的爆发情况更是进一步加重，在约1 600万亩的树木中，有1 178万株因为黄龙病的原因被砍掉处理，占到了总数的77.2%，这样的损失对于当地已是灾难性的打击。面对这样的打击，当地相关部门采取了一定的措施，然而由于黄龙病的复杂性，到目前为止，对这种疾病的处理仍然只能停留在防控阶段，但是也起到了一定的作用。从2016年起，疾病的情况得到了缓解，柑橘木虱的基数也呈现了下降的趋势，这对于柑橘黄龙病的进一步解决有着很大的意义。

1.2 柑橘黄龙病与土壤肥料的关系

土壤在植物的生长中具有重大的作用，这主要是因为土壤具有肥力，即土壤供给和协调植物生长发育所需的水分、养分、空气、热量、扎根条件和无毒害物质的能力。在植物的种植中，为了提高土壤的肥力，通常会使用各种肥料。对于柑橘果树的种植，施加适当肥料的土壤可以有效降低柑橘黄龙病的发病率，既能减轻发病症状，又能延长柑橘树经济寿命。我国50%以上的柑橘园不施有机肥，忽视土壤科学改良培肥，致使柑橘园镁锌锰缺乏引起的黄化现象频发。而柑橘的黄龙病的病症表现与植物黄化类似，因而为明确柑橘黄龙病的爆发与土壤各因素及其比例的关系，并希望从土壤肥力的角度来为黄龙病的预防、防控防治提出建议，对江西省赣南地区的柑橘种植地进行了相关方面的考察和研究。此次科考行程中，主要对江西省赣州市瑞金市、安远县、寻乌县的柑橘种植地的土壤进行了N、P、K、COD、pH、微生物等因素的研究。

2 研究方法

2.1 土壤样品的采集

2017年7月11日至19日，北京理工大学生态科考队于江西省赣州市的瑞金市、安远县、寻乌县的多个柑橘种植地取根系土。采用挖掘法取土壤样品，每个种植地取1~2棵树的土样，每棵树下取3~5个样点进行取样，取样后置于信封袋中进行保存。采集后的土样分3份，一部分用于现场的即时测量，另一部分留作备份带回实验室进行微生物方面的研究，还有一部分留作样本。

2.2 土壤样品的即时测量

即时测量时，先将土壤用纯净水稀释（稀释比例——6mL土样：100mL水），静置一天后取上清液，采用水质简易测试剂利用比色的方法（水质简易测试剂使用（针对N、P、COD）：①将测试管顶端的预留线拉出。②挤出测试管内的空气。③利用压力吸入待测液至管内一半处或2/3处。④摇匀后，在色卡指定时间比色），测量土壤中N、P、K、COD的含量。针对K：①用被测水样洗涤试管3次，用吸管吸1mL水样于比色管中。②用注射器准确加入K-Ⅰ试剂0.5mL，摇匀60s后，滴入K-Ⅱ显色剂5滴。③用注射器吸入K-Ⅲ滴定液1mL，滴定上述液体至乳白色或无色变为蓝色，10s不褪色，记录所用滴定液量（mL），同时记录土样的pH值、颜色、质地、气味、上清液浑浊程度等基本性质。

2.3 土壤样品的实验室处理

2.3.1 实验材料

土豆、葡萄糖、琼脂、三角瓶、酒精灯、剪刀、镊子、空培养皿、接种环、移液枪、计时器、空烧杯、灭菌锅、恒温培养箱。

2.3.2 配置PDA培养基

土豆400g，切丁后煮30min，过滤后取滤液，加葡萄糖40g、琼脂30g，水定容到2L。分装至500mL三角瓶中，装液量300mL，高压灭菌锅121℃灭菌20min。

2.3.3 土样的稀释涂布

在超净工作台用无菌滤纸称取1g土样，溶于10mL无菌水中，并做梯度稀释处理（10-1、10-2、10-3、10-4）。30min后吸取200μL液体涂布于PDA固体培养基。最后用封口膜封住培养皿边缘，灭菌报纸包裹，放在室温（27℃）下培养。每个样品做2组平行实验。两天后观察菌落生长结果，记录菌落形态及种类信息。

3 结果与分析

具体检测情况见表1至表2。

表1　土壤中相关因素含量检测情况

采样点	含水量/%	N含量/ppm	P含量/ppm	K含量/ppm	COD含量/ppm	pH	微生物种类
1	14.56	0.5	>2.0	400	20	5.36	6
2	4.41	0.5	0.5	625	20	5.50	4

续表

采样点	含水量/%	N含量/ppm	P含量/ppm	K含量/ppm	COD含量/ppm	pH	微生物种类
3	4.55	0.2	2.0	575	13	6.42	4
4	14.28	0.5	>2.0	375	50	6.36	5
5	8.79	1.0	>2.0	450	100	7.05	4
6	4.22	1.0	2.0	400	20	5.80	4
7	16.04	1.0	2.0	375	13	5.86	5
8	12.22	0.5	1.0	450	20	6.20	6
9	11.00	0.5	0.2	375	13	5.50	7

备注：
1. 族亨村　健康树2
2. 石门村　健康树1
3. 石门村　健康树2
4. 族亨村　健康树1
5. 江西王品公司　健康树
6. 江西王品公司　抗性F1树
7. 江西王品公司　抗性树
8. 寻乌县　黄龙病树1
9. 寻乌县　黄龙病树2

表2　土壤中微生物相关信息

土样	微生物种类	大小	颜色	气味	光泽	是否隆起	形状	来源	稀释浓度/倍	数量	每克土壤菌落数量/(CFU·g^{-1})
1-1	细菌	大	淡黄色	无	有光泽	是	边缘树枝状	1号	10^{-3}	50	50 000
									10^{-4}	5	
1-2	真菌	大	白色	无	无光泽	是	绒毛状		10^{-3}	12	12 000
									10^{-4}	7	70 000
1-3	细菌	小	淡黄色	无	有光泽	否	凸圆状，边缘整齐		10^{-2}	82	8 200
									10^{-3}	40	4 000
1-4	细菌	大	微黄色	无	有光泽	否	圆形		10^{-2}	11	1 100
									10^{-4}	30	300 000
1-5	细菌	大	透明	无	有光泽	否	边缘树枝状		10^{-4}	3	30 000
2-1	真菌	6~14 mm	白色	无	无光泽	是	绒毛状	2号	10^{-1}	19	190
									10^{-2}	4	400
									10^{-3}	2	2 000
									10^{-4}	1	10 000
2-2	真菌	2mm	白色	无	无光泽	是	绒毛状		10^{-1}	7	70
									10^{-2}	5	500
									10^{-4}	2	20 000

续表

土样	微生物种类	大小	颜色	气味	光泽	是否隆起	形状	来源	稀释浓度/倍	数量	每克土壤菌落数量/(CFU·g⁻¹)
2-3	细菌	小	—	—	—	—	—	2号	—	很多	—
3-1	细菌	小	白中带绿	无	无光泽	是	圆形,絮状	3号	10^{-2}	19	1 900
									10^{-3}	1	1 000
3-2	细菌	小	白中带黄	无	无光泽	是	圆形,絮状		10^{-1}	5	50
									10^{-2}	1	100
									10^{-3}	1	1 000
3-3	细菌	小	白色	无	无光泽	是	圆形,絮状		10^{-2}	9	900
									10^{-3}	3	3 000
3-4	细菌	大	黄色	无	—	—	—		10^{-1}	56	560
									10^{-2}	11	1 100
									10^{-3}	4	4 000
4-1	细菌	小	白色	无	有光泽	否	圆形	4号	10^{-2}	20	2 000
4-2	细菌	小	红色	无	有光泽	否	圆形		10^{-2}	2	200
4-3	细菌	小	黄色	无	有光泽	否	圆形		—	—	—
4-4	真菌	大	白中带绿	无	无光泽	是	毛绒状		10^{-1}	9	90
4-5	细菌	小	黄棕色	无	无光泽	是	圆形中有白色小点				
5-1	细菌	小	白色	无	有光泽	否	圆形	5号	10^{-3}	28	28 000
5-2	细菌	偏大	黄色	无	无光泽	否	圆形		10^{-3}	10	10 000
									10^{-4}	16	160 000
5-3	真菌	4mm	白色	无	无光泽	是	圆形,边缘树枝状		10^{-3}	1	1 000
5-4	细菌	大	白色	无	无光泽	否	圆形,絮状		10^{-4}	9	90 000
6-1	细菌	小	淡黄色	无	有光泽	否	圆形	6号	10^{-4}	16	160 000
6-2	细菌	偏小	淡黄色	无	有光泽	否	圆形		10^{-3}	11	11 000
									10^{-4}	8	80 000
6-3	细菌	大	淡黄色	无	无光泽	否	边缘树枝状		10^{-3}	4	4 000
6-4	细菌	小	白色	无	无光泽	否	圆形		10^{-4}	18	180 000
7-1	细菌	大	黄色	无	无光泽	否	圆形	7号	—	—	—
7-2	细菌	小	白色	无	无光泽	否	圆形		10^{-3}	24	24 000

续表

土样	微生物种类	大小	颜色	气味	光泽	是否隆起	形状	来源	稀释浓度/倍	数量	每克土壤菌落数量/（CFU·g^{-1}）
7-3	细菌	偏小	白色	无	无光泽	否	圆形	7号	10^{-2}	8	800
									10^{-3}	5	5 000
7-4	细菌	偏小	淡黄色	无	无光泽	否	圆形		10^{-2}	9	900
7-5	真菌	14mm	白色	无	无光泽	是	边缘树枝状		10^{-3}	6	6 000
8-1	细菌	大	白色	无	有光泽	否	圆形	8号	10^{-2}	15	1 500
									10^{-3}	12	12 000
									10^{-4}	1	10 000
8-2	细菌	小	白色	无	有光泽	否	圆形		10^{-3}	7	7 000
									10^{-4}	1	10000
8-3	细菌	偏小	淡黄色	无	无光泽	否	不规则形状		10^{-2}	5	500
									10^{-3}	1	1 000
									10^{-4}	1	10 000
8-4	真菌	大	白色	无	无光泽	是	圆形，絮状		10^{-4}	1	10 000
9-1	细菌	小	淡黄色	无	无光泽	否	圆形	9号	—	—	—
9-2	细菌	大	淡黄色	无	无光泽	是	气泡状		10^{-2}	10	1 000
9-3	细菌	大	淡黄色	无	有光泽	否	不规则形状		10^{-2}	9	900
9-4	真菌	小	白色	无	无光泽	是	絮状		10^{-2}	9	900
									10^{-2}	2	200
9-5	真菌	大	白色	无	无光泽	是	绒毛状		10^{-2}	1	100
9-6	细菌	大	白色	无	无光泽	否	不规则形状		—	—	—
9-7	细菌	大	淡黄色	无	无光泽	否	边缘树枝状				

此次调查的数据（表1）显示在各种植地间，N、P、K等大量元素的含量虽略有差别，但与黄龙病的发生与否并未直接显示出明显的不同，所以根据此次的实验数据，得出黄龙病的发生与土壤肥料中大量元素的含量无直接关系。且根据调查，当地土壤主要呈酸性，pH基本都在5.5～6.5，并无明显关系。其中略有差别的是患病与不患病的柑橘树土壤中的微生物种类数目，健康植株根系土壤中微生物种类在4～5种，而患病植株中达7种，根据数据显示，发现患有黄龙病的柑橘树土壤中微生物的种类要更多，且多数细菌和真菌在黄龙病株中的分布量都更多。根系土壤是一个特殊的生态环境，有很多

功能微生物，对土壤肥力的形成、植物营养的转化起着重要的作用。

4 讨论与建议

　　此次科考中，通过对柑橘研究所及其研究基地和赣州市相关部门以及各调查种植地的果农们的访问调查，了解到当地的柑橘种植土壤肥料的施用情况。赣南地区主要使用的是有机肥，有机肥的合理使用可以提高土壤的肥力，培养果树的健壮树势，对结果树可促进结果，减少结果树的新梢抽发，从而减少柑橘木虱危害，降低柑橘木虱传病概率。根据柑橘研究所提供的资料，有机肥中N、P、K的比例控制在13∶15∶17会达到最优的效果，目前使用的肥料中N、P、K的有效比率分别为30%、80%、50%，而根据施肥习惯，当地肥料中磷肥相对于其他元素会稍有过量表现，但是并不会造成太大影响。除此以外，微量元素对于肥料来说也尤为重要，针对现如今黄龙病暴发的情况和当地柑橘的生长状况，尤其要注重Mg、B、Mo的配量，同时针对当地情况，Zn/Mn的比例较之前提高了3倍多。在植物激素方面同样也需关注，主要要加强四环素的使用。而有机肥的使用不光要考虑各元素的相关含量和配比，施用的方式、次数、时间等都对肥料的使用效果有着巨大的影响，每年采后和春前各重施一遍有机肥，果实膨大后期，加施硫酸钾以增进果实品质。在幼果期和干旱、低温等时期，采用过磷酸钙浸出液等进行叶面追肥，增强树体抗逆性。对于肥料的使用方式，不光可以采取覆盖的方式，在当地的一些优质产区也会采取管道式的方式来使肥料得到更加有效的利用。同时还需要结合喷洒的方式，喷洒肥料可用于成果时期，喷施镁硼锌和钙的复合微肥，以避免果实抢"食"而产生落果或叶片黄化。有些地方还会采取在地面表面使用微生物菌肥的方式来缓解叶片的黄化情况。不仅如此，也提倡深土施肥，减少肥料损失，特别是有机肥的深土埋入能有效地诱导根向深土生长，增强树体抗逆能力。深土施肥可根据不同树龄采用多种方式进行。

5 小结

柑橘黄龙病也会导致柑橘树体黄化。虽然实验数据并未表明土壤中相关因素与黄龙病有直接的关联，但施肥改土能有效增强柑橘对黄龙病的抵抗能力。通过科学施肥、改良土壤，增强树体"体质"，树体旺盛则会相应增强免疫力，黄龙病也进而会得到比较好的预防。因而在种植过程中要注重科学施肥，健康培土。

6 参考文献

[1] Gottwald T R. Current epidemiological understanding of citrus Huanglongbing.[J]. Annual Review of Phytopathology, 2010, 48(48): 119.

[2] 范国成, 刘波, 吴如健, 等. 中国柑橘黄龙病研究30年[J]. 福建农业学报, 2009, 24(2): 183-190.

[3] 郑雪芳, David G Hall, 刘波, 等. 柑橘植株根系微生物生态学特性的研究[C]// 中国微生物学会全国杀虫微生物学术研讨会、湖北省暨武汉市微生物学会和新疆微生物学会2010年会, 2010.

[4] 钟明星. 莲都区柑橘黄龙病防控技术汇报[J]. 农业开发与装备, 2015(6).

[5] 张敏荣, 余继华, 於一敏, 等. 采取健身栽培措施减轻柑橘黄龙病发生[J]. 浙江柑桔, 2007, 24(4): 28-30.

[6] 宋志强, 成飞雪, 程菊娥, 等. 湖南省永州地区柑橘慢衰病与黄龙病病原鉴定及分布调查[J]. 植物保护, 2016, 42(4): 189-193.

[7] 鲁剑巍. 湖北省柑橘园土壤——植物养分状况与柑橘平衡施肥技术研究[D]. 武汉: 华中农业大学, 2003.

[8] 鲁剑巍, 陈防, 王富华, 等. 湖北省柑橘园土壤养分分级研究[J]. 植物营养与肥料学报, 2002, 8(4): 390-394.

[9] 唐仙寿, 何世忠. 柑橘栽培技术在综合防控柑橘黄龙病中的集成应用[J]. 果树实用技术与信息, 2016(2): 30-32.

[10] Handique U, Ebel R C, Morgan K M. Interaction of Soil-applied Fertilizer on Huanglongbing Development in New Growth Flushes of Sweet Orange, Poster Board #358[C]// Ashs Conference, 2012.

[11] 易时来, 石孝均, 张跃强. 科学改土施肥 预防柑橘黄化[J]. 果农之友, 2016(8): 38-40.

[12] 梁晓婷. 柑橘黄龙病的症状表现与矿质营养关系初步研究[D]. 广州: 华南农业大学, 2009.

[13] Hall D G, Richardson M L, Ammar E D, et al. Asian citrus psyllid, Diaphorina citri, vector of citrus huanglongbing disease[J]. Entomologia Experimentalis Et Applicata, 2013, 146(2): 207–223.

方山县地表水质量监测及改善建议

张婷婷

北京理工大学 生命学院，北京 100081

摘 要：本文通过测定方山县水质的pH、COD、磷酸、总氮和总磷含量、余氯等指标，确定水质状况，并根据其水质状况得出相关结论，进行客观分析，提出合理措施和可行性建议。

关键词：水质分析 方山县 北川河 横泉水库

随着工业的发展和人类物质生活的提高，水环境的污染已经是当今世界范围内普遍存在的问题，由于水污染日趋严重，许多饮用水处理厂的水源也受到了不同程度的污染，从而使饮用水及地下水的水质变差。严峻的现实促使人类共同控制污染，保护环境。

方山县，隶属于山西省吕梁市，位于山西省西部，这里有两大水域，分别为北川河和横泉水库。其中，北川河贯穿方山县境内，该河发源于方山县开府乡赤坚岭村，在大武镇武回庄村出方山县境进入离石。而横泉水库位于吕梁市方山县境内的北川河上，控制流域面积800多km^2，总库容8 123万m^3，是一座以城市生活及工业供水、农业灌溉为主，兼顾防洪、发电、旅游等综合利用的多年调节型水利枢纽。横泉水库工程包括水库枢纽工程、灌溉区工程和供水工程三个部分，共占地8 765亩。因此，我们本次选取了北川河、横泉水库等13个地点对水质进行检测及评价。

检测标准：饮用水的安全性对人体健康至关重要。目前，全世界有许多不同饮用水水质标准，其中具有国际权威性、代表性的有三部：世界卫生组织（WHO）的《饮用水水质标准》、欧盟（EC）的《饮用水水质指令》以及美国环保局（USEPA）的《国家饮用水水质标准》，其他国家或地区的饮用水标准大都以这三种标准为基础或为重要参考,来制定本国的标准。

根据我国现状,以及北川河、横泉水库及南阳沟国家森林公园的水质用途及现有条件,我们拟定本次检测水质的质量标准按照我国的《地表水环境质量标准》(GB 3838-2002),但略有更改(以附件1作为参考标准进行检验)。

1 材料与方法

1.1 实验材料

加贝水质检测工具箱:广州加贝公司

溶解氧测定仪:北京兰康保科技有限公司

全硬度WAK-TH水质快速测试包:日本共立理化研究所

WAK-COD水质测试包盒:日本共立理化研究所

磷酸(低)/磷酸态-磷WAK-PO4(D)水质检测包:日本共立理化研究所

WAK-NH4氨氮(阿摩尼亚)氨态-氮水质测试包、离子测试剂包:日本共立理化研究所

总磷水质测试包、离子测试剂包:日本共立理化研究所

氰化物测试试剂盒:陆恒生物

1.2 样品的采集

试验容器在使用前先用水和洗涤剂,再用铬酸-硫酸洗液清洗,最后再用自来水、蒸馏水冲洗干净即可。

参考河岸的地貌特点,在北川河、横泉水库工程的水库枢纽工程、灌溉区工程和供水工程水域,选择赤坚岭村、北川河北部、杨家沟、桑胡湾、建军庄、横泉水库上游、横泉水库中游、横泉水库下游、来堡村、桥沟村、大武镇、武回庄村、庞泉沟国家森林公园13个地点进行采样,研究水质状况。水域部分三部分分别取样,取样量约400mL至聚乙烯瓶中,并进行分装。采样后敞口保存,然后贴上标签,编号并记录采样地点及时间,并对其物理、化学及生物指标进行分析化验(现场测定或待测)。

1.3 样品的保存

避免样品在运输途中的震荡，以及空气中的氧气、二氧化碳对容器内样品组分和待测项目的干扰，进而对酸碱度、BOD等产生影响，应使水样充满容器至溢流并密封保存，暗处低温冷藏（2℃~5℃）。

表1为水质样品保存方法。

表1 水质样品保存方法

	1 待测项目	2 容器类别	3 保存方法	4 分析地点	5 可保存时间
物理、化学及生物检测指标	水温	P	—	现场	—
	pH	P	2℃~5℃冷藏	现场	24h
	色度	P	—	现场	—
	溶解氧	P	现场固定氧并存放暗处	现场、实验室	24h
	化学需氧量（COD）	P	在2℃~5℃暗处冷藏，用硫酸酸化至pH<2	实验室	24h
	氨氮（NH_3-N）	P	—	现场	—
	总磷	P	用硫酸酸化至pH<2	实验室	24h
	总氮	P	用硫酸酸化至pH<2 2℃~5℃冷藏	实验室	24h
	氰化物	P	用NaOH调节pH>12	实验室	24h
	TDS	P	—	实验室	24h
	锌	P	用硫酸酸化至pH<2	实验室	24h
	总硬度	P	—	实验室	24h
	余氯	P	—	实验室	24h
	重金属	P	—	实验室	24h
	矿物质	P	—	实验室	24h

注：P为聚乙烯瓶。

1.4 水样的管理

水样采集后,根据不同的分析要求,分装成数份。对每一份样品都应附一张完整的水样标签。水样标签包括采样目的、采样时间、采样人员等。

1.5 测试项目

水体污染有时可以直接地观察,例如,水改变了颜色、变得混浊,散发难闻的气味,某些生物的减少或者死亡,某种生物的出现或骤增。但是有时水体污染难以直接察觉,需要借助于仪器的分析或者调查研究。通常采用水质指标来衡量水质的好坏和水体的被污染程度。水质指标繁多,可以分为以下三大类:

第一类:物理性水质指标,包括一般性物理指标,如温度、色度、嗅和味、混浊度、透明度等。其他物理指标,如总固体量、悬浮固体、可见固体、电导率等。

第二类,化学性水质指标,包括一般性化学指标,如pH、硬度、各种阴阳离子、含盐量、一般有机物含量等。有毒化学指标,如重金属、氰化物、多环芳烃、各种农药。有关氧平衡的水质指标,如溶解氧(DO)、化学需氧量(COD)、生物需氧量(BOD)、总需氧量(TOD)等。

第三类,生物性水质指标,包括细菌总数、总大肠杆菌群落以及各种病毒。本文选取了部分物理、化学及生物指标对方山县水质进行了分析检测。

表2为水质样品测试项目。

表2 水质样品测试项目

待测项目	测试方法	备注
水温	对所取样品使用温度计进行测试,每个样品测定3次,求平均值	—
pH	对所取样品使用pH试纸进行测试,每个样品测定3次,与比色卡进行对比,记录结果,求平均值	—
色度	目视	—
溶解氧	使用溶解氧测试试剂盒进行检测,每个样品测定3次,与比色卡进行对比,记录结果,求平均值	—

续表

待测项目	测试方法	备注
化学需氧量（COD）	使用COD测试试剂盒进行检测，每个样品测定3次，与比色卡进行对比，记录结果，求平均值	—
氨氮（NH_3-N）	使用氨氮测试试剂盒进行检测，每个样品测定3次，与比色卡进行对比，记录结果，求平均值	—
总磷	使用总磷测试试剂盒进行检测，每个样品测定3次，与比色卡进行对比，记录结果，求平均值	—
总氮	使用总氮测试试剂盒进行检测，每个样品测定3次，与比色卡进行对比，记录结果，求平均值	—
氰化物	使用氰化物测试试剂盒进行检测，每个样品测定3次，与比色卡进行对比，记录结果，求平均值	—
TDS	—	—
锌	使用加贝水质检测工具箱进行检测，每个样品测定3次，与比色卡进行对比，记录结果，求平均值	—
总硬度	使用加贝水质检测工具箱进行检测，每个样品测定3次，与比色卡进行对比，记录结果，求平均值	—
余氯	使用加贝水质检测工具箱进行测试，每个样品测定3次，与比色卡进行对比，记录结果，求平均值	—
重金属	使用加贝水质检测工具箱进行测试，每个样品测定3次，与比色卡进行对比，记录结果，求平均值	—
矿物质	使用加贝水质检测工具箱进行测试，每个样品测定3次，与比色卡进行对比，记录结果，求平均值	—

2 试验结果

我们选择赤坚岭村、北川河北部、杨家沟、桑胡湾、建军庄、横泉水库上游、横泉水库中游、横泉水库下游、来堡村、桥沟村、大武镇、武回庄村、庞泉沟国家森林公园13个地点进行采样，测试了水温（℃）、pH值（无量纲）、色度、溶解氧、化学需氧量、氨氮、总磷、总氮、氰化物、TDS、锌、总硬度、余氯、重金属、矿物质等指标，对水质情况进行了研究，具体结果见表3~表4。

表3 水质样品测试结果

序号	分类项目	赤坚岭村	杨家沟	桑胡湾	建军庄	麻峪村(北川河北部)	横泉水库上游	横泉水库中游	横泉水库下游	庞泉沟	大武镇	武回庄村	来堡村	桥沟村泉水
1	水温/℃	5	11	18	17	22	36.5	16	17	8	22.4	22.0	28.2	0
2	pH值	7.6	8.66	8.60	8.31	8.36	8.31	8.84	8.55	8.2	8.31	8.35	8.36	7.64
3	色度	5	5	5	5	5	5	5	5	5	15	25	15	5
4	溶解氧≥	2	3	2	3	2	3	2	2	2	4	3	3	3
5	COD≤	6	8以上	4~6	8以上	4	6~8	6~8	4~6	6	0	4~6	8	4
6	NH_3-N≤	0.2	0.2	0.2	0.2	0.2	0.2~0.5	0.2~0.5	0.2	0.2	0.5	0.2~0.5	0.2~0.5	<0.2
7	总磷≤	0.2	0.05	0.05~0.1	0.1	0.05	0.05	0.05	0.05	0.02~0.05	0.02~0.05	0.02~0.05	0.02	0.02
8	总氮≤	0~5	0~5	5~10	0~5	5~10	5	10	0	5	0~5	0~5	0~5	0~5
9	氰化物≤	0.02	0.02	0.02	0.02	0.02	0.02	0.02	0.02	0.02	0.02~0.05	0.02~0.05	0.02~0.05	0.02
10	TDS	261	185	245	321	272	185	228	238	171	210	199	208	116
11	锌	有	有	有	有	有	有	有	有	有	有	有	有	有
12	总硬度	50	50	50	20~50	20~50	100~200	50	50~100	100	100~200	100~200	200	>200
13	余氯	0~0.1	0~0.1	0~0.1	0.3~0.4	0~0.1	0~0.1	0~0.1	0~0.1	0~0.1	0~0.1	0~0.1	0~0.1	0~0.1
14	重金属	有	有	有	有	有	有	有	有	有	有	有	有	有
15	矿物质	120	100	120	120	120	80	120	120	80	250	250	180	120

表4 水质样品标准

序号	分类项目	检测方法	Ⅰ类	Ⅱ类	Ⅲ类	Ⅳ类	Ⅴ类
1	水温/℃	温度计	人为造成的环境水温变化应限制在：周平均最大温升≤1 周平均最大温降≤2				
2	pH值（无量纲）	pH试纸	6~9				
3	溶解氧≥		饱和率90%（或7.5）	6	5	3	2
4	化学需氧量（COD）≤	COD试剂盒	15	15	20	30	40
5	氨氮（NH_3-N）≤	试剂盒	0.15	0.5	1.0	1.5	2.0

续表

序号	分类项目	检测方法	I类	II类	III类	IV类	V类
6	总磷（以P计）≤	试剂盒	0.02（湖、库0.01）	0.1（湖、库0.025）	0.2（湖、库0.05）	0.3（湖、库0.1）	0.4（湖、库0.2）
7	总氮（湖、库以N计）≤	试剂盒	0.2	0.5	1.0	1.5	2.0
8	氰化物≤	试剂盒	0.005	0.05	0.2	0.2	0.2
9	锌≤	加贝水质检测箱	0.05	1.0	1.0	2.0	2.0
10	色度≤	加贝水质检测箱	5	5	15	25	25
11	TDS≤	加贝水质检测箱	1 000	1 000	1 000	1 000	1 000
12	总硬度（以$CaCO_3$计）≤	加贝水质检测箱	150	300	450	550	550
13	余氯≤	加贝水质检测箱	4	4	4	4	4
14	重金属	加贝水质检测箱	无	无	有	有	有
15	矿物质≥	加贝水质检测箱	250	250	120	120	80

注：11~15参考地下水质量标准及饮用水质量标准，不做硬性要求。

3 结论

由上述实验结果可知：

（1）总氮的含量过高，均在5~10之间，远远高于地表水的V类≤2的标准。

（2）总硬度的变化范围过大，其中横泉水库、桥沟村泉水、武回庄村、来堡村及大武镇地区北川河中南部及南部的水域的硬度均较大，长期饮用不利于身体健康。

（3）上述地区均检测出重金属，如果金属类检测项目超过标准限度，灌溉及饮用均不利于身体健康，因此重金属的各项指标有待于进行详细检测。

4 方山县水质改善的建议

水质改善具体构建内容为：控制外源污染输入→削减内源污染负荷，改善基底条件→构建清水型系统架构→建立长效运行管理维护机制。

（1）控制外源污染输入。为削减外源污染负荷，可在湖的近岸带浅水处种植挺水植物，其具有净化水中悬浮物、氯化物、有机氮、硫酸盐的能力，对水体中磷的去除率为65%，同时又具有美化水体景观的美学价值。

（2）削减内源污染负荷。若草食性或杂食性鱼类密度过多，则对沉积物的扰动很大，不仅不利于水生植被恢复，而且直接增强了沉积物再悬浮作用，提高了水体营养盐浓度，如此就会破坏水生植被生长，导致系统崩溃。

微量元素在植物体内含量很少，但它对于植物的生长具有很强的专一性，通过各种微量元素和多种营养成分的添加可均衡底质中营养的分布。一方面为沉水植物的根系发育提供有利条件，增强植物对环境的抗逆性；另一方面提高沉水植物对底泥、水体中以N、P为主的营养盐的吸收利用率。

（3）食物网构建工程。水—泥（沉积物）耦合作用是影响浅水湖泊生态系统的重要过程，而不同生态系统中这种过程差异很大。因此，通过生态系统构建、沉积物—水层营养盐交换控制工程可以改变水—泥耦合作用。

景观浮叶植物群落恢复工程。浮叶植物能够吸收水体中的部分营养盐，对水体不仅具有净化作用，而且也具有景观美学价值。

（4）建立长效运行管理维护机制。为保证南湖生态和水环境安全，公园管理处可建立南湖公园水体水质管理小组，定期对南湖进行水质监测，以实时掌握水体水质状况，以便及时采取补救措施。

5 附件1

地表水环境质量标准

序号	分类 项目	I类	II类	III类	IV类	V类
1	水温/℃	人为造成的环境水温变化应限制在：周平均最大温升≤1 周平均最大温降≤2				
2	pH值（无量纲）	6~9				
3	溶解氧≥	饱和率90%（或7.5）	6	5	3	2
4	化学需氧量（COD）≤	15	15	20	30	40
5	氨氮（NH_3-N）≤	0.15	0.5	1.0	1.5	2.0
6	总磷（以P计）≤	0.02（湖、库0.01）	0.1（湖、库0.025）	0.2（湖、库0.05）	0.3（湖、库0.1）	0.4（湖、库0.2）
7	总氮（湖、库、以N计）≤	0.2	0.5	1.0	1.5	2.0
8	氰化物≤	0.005	0.05	0.2	0.2	0.2

6 参考文献

[1]周祥德.水质分析实用手册[M].北京：化学工业出版社，2010.

[2]袁洪福，等.水分析手册[M].北京：中国石化出版社，2005.

[3]朱亮.供水水源保护与微污染水体净化[M].北京：化学工业出版社，2005.

[4]欧共体饮用水指令（80/778/EC）

[5]美国EPA现行饮用水水质标准

[6]地表水环境质量标准（GB 338-2002）

[7]水质采样方案设计技术规定(GB12997-91)

[8]水样采样样品的保存与管理技术规定(HJ293-2009)

[9]陈力,等.常规水质检测方法研究[J].中国新技术新产品,2013(12): 173.

[10]贾丽萍,黄鹏娜.临颖县农村生活饮用水水质检测结果分析[J].中国卫生检验杂志, 2010, 20(8): 1989-1990.

[11]赵连成.山西省地下水质量现状及保护对策[J].科技情报开发与经济, 2005, 15(22): 102-103.

[12]罗国兵.水质检测中实验室检测结果的质量控制与保证[J].中国环境管理干部学院学报, 2013, 23(3): 9-11.

土壤理化特性对林药间作药用植物品质的影响及适栽药材品种选择
——以山西省方山县为例

张晓娇

北京理工大学生命学院,北京 100081

摘　要：为了研究土壤理化特性对林药间作药用植物品质的影响,对方山县7个采样点的土壤含水量、酸碱度、全氮量和铵态氮量4个理化性质进行初步检测。结果表明：方山县的土壤由北到南含水量呈下降趋势,土壤整体偏碱性或弱碱性,部分土地呈现强碱性,土壤肥力较弱,而且土地干旱瘠薄,雨量强度大且集中,水土流失较为严重。为改善当地生态经济综合效益,提出了经济林+药材、天然次生林+药材和灌木林+药材3种林药间作模式,并探讨了其适生药材品种和栽培中应注意的问题。

关键词：土壤理化特性　林药间作模式　适栽药材　方山县

1 引言

近年来,随着中草药资源濒危情况的不断加剧和中药材引种栽培的进一步扩大,以及由此引发的中药材质量的下降,生态环境对中药资源的生长发育及其品质的影响得到了人们的空前重视。中药材的品质是遗传因子、生态环境、栽培技术及其加工条件共同作用的结果,其主要决定因素是其遗传因子,但同时也受温度、光照、水分和土壤理化性质的制约,特别是土壤的理化特性对中药材的品质有直接的影响。随着生长环境和气候条件的改变,药用有效成分量也会有很大的变化。宋代寇宗奭说："凡用药必须择土地所宜者，则药力具，用之有据。"土壤是直接影响中药材生长发育以及产量品质的一个关键性因子，是中药材生态环境系统中的限制因子。土壤条件影响植物的矿质营养、水分以及空气的供给，与植物的生长密切相关，对药材的生长发育及有效成分都有很大影响。

发展新型林业产业，尤其是发展非木质资源林业产业已经成为支撑国家生态建设战略、促进林区经济发展、推动林业可持续发展的重要途径和选择。林下经济是以林地资源和森林生态环境为依托，以林下种植和养殖、采集加工、森林景观利用等为主要内容的复合经营活动，其中林下种植业具有资金投入少、技术简单的优势。林下经济是林业产业的重要内容，方山县政府提出了"发展林下经济，形成林下种植、林下饲养的循环经济产业链"的工作目标，大力发展林下经济，建立林畜结合的立体型采摘果园，促进农民脱贫致富。山区林地生态环境良好，林下间作药材可实现野生、半野生栽培，有利于提高药材品质、增强林地水土保持能力和增加生物多样性等；开展林药间作符合当前生态建设需要和森林资源经营管护需要，也有利于促进退耕还林、集体林权制度改革等林业政策的实施。

我国是世界上天然药物种类最丰富的国家，山区野生药材占全年药材产量的60%以上，遗憾的是不断增大的市场需求量致使林药资源在掠夺式采挖下濒临枯竭，生物多样性也遭到破坏。本研究主要通过检测方山县林地及农田土壤的理化特性，分析当地的土质状况，将适合方山县的主要林药间作模式及适栽药材品种加以总结介绍，为生产栽培提供依据，以期加快方山县林下经济的发展。

2 研究材料与方法

2.1 研究地概况

方山县属于晋西黄土丘陵沟壑区，境内地势北高南低，北川河纵贯南北，垂直变化明显，最高点海拔2 831m，最低点海拔987m，高差1 844m。方山县主要地貌以山地为主，黄土丘陵次之。除一些陡峻山地外，大部分地表仍覆有薄厚不一的黄土。三大地貌类型的空间分布存在明显的地域差异，形成了西南部黄土丘陵区、中南部河谷区和东北部山地区三大地貌类型组合区。由于内部地势变化大，使得主要气候要素存在着明显的地域差异，形成了西南部温和半干旱气候区和东北部温凉半湿润气候区。

境内主要河流为北川河，一般河水流量为$1.5 \sim 2 m^3/s$，枯水期流量为$1.05 m^3/s$，最大洪峰流量达$540 m^3/s$，东部山地为北川河河水流量的主要源泉。在光热、降水条件控制下，方山县的自然生态系统为森林草原景观，其下发育的自然土壤为山地棕壤、灰褐土和草甸土，自然土壤表层有机质含量为$1.23\% \sim 8.65\%$。

方山县山高沟深，坡地居多，土壤质地疏松，抗蚀能力差，而且土地干旱瘠薄，植被稀少，雨量强度大且集中，水土流失严重。据方山县土地详查资料，全县平均侵蚀模数为$6\ 800 t/km^2$，水土流失面积为$879 km^2$，占全县总面积的61%，水土流失量为597万t。其中，轻度侵蚀面积$157.8 km^2$，中度侵蚀面积$290.1 km^2$，强度侵蚀面积$211 km^2$，剧烈侵蚀面积$202.1 km^2$。

2.2 土壤样品的采集和测定

2.2.1 土壤样品的采集

采样点的选择：从方山县北部到南部选取5个农田的土壤和2个典型林地土壤进行采样分析，布设7个具有典型代表性的地点，开展土壤理化特性监测。

1. 取样方法

农田取样采用S型取样，布设3个取样点，在每个采样点混合0~20cm深度的土壤并采集约100g，把各取样点的样品均匀混合。林地土壤在山顶、山腰、山脚各采样一份，方法与农田土壤采样相同。

2. 保管与标记

除去石块、植物根系等，将其放入无菌袋中，贴上标签。

土壤采集点地形数据和地理位置如表1所示。

表1 土壤采集点地形数据和地理位置

样方	地名	经度/° E	纬度/° N	地理位置	土地类型	土地用途
1	杨家沟	111.52	37.96	方山县北部	农田	种植苋草
2	阳圪台村	111.39	37.91	方山县中部	农田	种植玉米

续表

样方	地名	经度/°E	纬度/°N	地理位置	土地类型	土地用途
3	桥沟村	111.23	37.80	方山县中部	农田	种植射干
4	来堡村	111.29	37.74	方山县中部	农田	种植土豆
5	武回庄村	111.35	37.78	方山县南部	农田	种植玉米
6	庞泉沟风景区	111.18	37.64	方山县东北部	林地	—
7	北武当山	111.44	37.91	方山县中部	林地	—

2.2.2 土壤样品的测定

1. 样品前处理

将土壤样品充分研磨、过筛、混合均匀后备用。称取烘干后的土壤样品10g，加入100mL蒸馏水，浸泡24h，形成土壤浸出液，土壤酸碱度、全氮量、铵态氮量3项检测指标通过检测土壤浸出液测定。

2. 检测方法

土壤样品的各项检测指标和测定方法如表2所示。

表2 土壤样品的各项检测指标和测定方法

序号	检测指标	测定方法
1	土壤含水量	烘干法 计算公式：土壤含水量 $\theta_s = \dfrac{M_s - M}{M_s} \times 100\%$ 式中，θ_s——土壤含水量；M_s——原土质量（g）；M——105℃烘干土质量（g）
2	酸碱度	电位测定法
3	全氮量	以蒸馏水为对照组，使用总氮快速检测试剂检测土壤浸出液的上清液
4	铵态氮量	以蒸馏水为对照组，使用氨氮快速检测试剂检测土壤浸出液的上清液

3 结果与讨论

3.1 结果与分析

表3为不同采样点含水量、酸碱度、全氮量和铵态氮量的检测结果，可以看出：

表3 不同采样点含水量、酸碱度、全氮量和铵态氮量的比较

样方	地名	含水量/%	酸碱度	全氮量/(g·kg^{-1})	铵态氮量/(mg·kg^{-1})
1	杨家沟	20.88	7.1	0.15~0.2	14.4
2	阳圪台村	20.11	8.29	0.10~0.15	9.6
3	桥沟村	15.48	7.91	0.10~0.15	10.8~12
4	来堡村	13.40	9.01	0.10~0.15	10.8~12
5	武回庄村	16.56	7.29	0.10~0.15	10.8~12
6	庞泉沟自然风景区	54.47	7.76	0.15~0.2	14.4
7	北武当山	10.56	8.28	0.10	7.2

1. 从不同采样点的土壤含水量可以看出

农田中杨家沟苋草种植田和阳圪台村玉米种植田含水量较大，庞泉沟自然风景区的含水量最大，由北到南的土壤含水量呈下降趋势，可能由于方山县内部地势变化大，使得主要气候要素存在着明显的地域差异，形成了西南部温和半干旱气候区和东北部温凉半湿润气候区；在光、热、降水条件的控制下，庞泉沟自然风景区形成了森林草原自然生态系统，其下发育的自然土壤为山地棕壤、灰褐土和草甸土，土壤含水量较大。

2. 从土壤酸碱性可以得出

方山县地区土壤整体偏弱碱性和碱性，其中来堡村土豆种植农田的土壤碱性最强，呈强碱性。土壤偏碱性由多种因素引起，受当地气候干旱、土壤排水不畅、地下水位高、矿化度大等重要条件所制约，最终有可能导致土地盐碱化，这不仅会对农作物生长发育产生危害，使土壤物理性恶化，还会使地下水源不能充分利用。

3. 从土壤的全氮量和铵态氮量可以看出

根据山西省第二次土壤普查结果统计，全氮量变化范围为0.16~1.62g/kg，平均值为0.80g/kg，土壤碱解氮含量的变化范围为13.2~201.0mg/kg，平均值为61.5mg/kg，庞泉沟自然风景区的含氮量较多，但相比于全省水平仍然较低。

由此可以看出，方山县的土壤由北到南含水量呈下降趋势，土壤整体偏碱性或弱碱性，部分土壤呈强碱性，土壤肥力较弱。

3.2 土壤的理化特性对药用植物品质的影响

3.2.1 土壤含水量

水分是中草药生长发育的必要条件之一。土壤水分是土壤的重要组成部分，参与土壤许多重要的物理、化学和生物过程，是植物生长的主要来源。土壤水是自然界水循环的一个环节，处于不断运动和变化的过程中。它的运动和变化，势必影响到中草药的生长和土壤中各种物质的运动和过程，从而成为参与物质大小循环的活跃因素。所以，土壤水是土壤形成和发育的重要因素，其含量的多少影响药用植物根系生长发育的好坏。

根据植物的需水程度可将植物分为水生、旱生、湿生和中生4种类型。水生药用植物如莲、泽泻、黑三棱等，生活在池塘、水田中；湿生药用植物如黄连、金莲花、紫菀等，适宜生长在高山林下的潮湿环境中；旱生药用植物有麻黄、甘草、芦荟、肉苁蓉等；大多数药用植物都是中生植物，对土壤的要求介于旱生和湿生之间。如细辛生长于土壤含水量为40%～50%之间较为适宜，砂仁花要求土壤含水量在22%～25%之间。方山县土壤质地疏松，抗蚀能力差，而且土地干旱，可种植一些旱生或者中生药用植物。

3.2.2 酸碱度

土壤酸碱度是土壤重要的理化特性之一，是土壤各种化学性质的综合反映，它与土壤微生物的活动、有机质的合成和分解、各种营养元素的转化与释放及有效性、土壤保持养分的能力都有关系。土壤酸碱度是通过影响土壤养分的存在状态、有效性或土壤环境，来影响植物对土壤养分的吸收的。因此，土壤酸碱度是中药材品质形成的重要土壤条件。

各种药用植物都有其适宜的酸碱度范围，超过这个范围时，生长受阻。有研究发现，酸性土适合肉桂、人参、西洋参、丁香、胖大海、黄连等生长，碱性土壤适合于甘草、枸杞子等生长，中性土壤适合大多数药用植物生长，而水飞蓟、金银花、黄麻等适合在盐碱性较强的地上生长。崔秀明等在中药材产地土壤酸碱性研究中指出，三七在中偏酸性土壤中的总皂苷含量高，而在碱性土壤中的总皂苷含量低。张向东等的研究表明，中药材种植区土壤pH值适宜，无强酸性和强碱性土壤，土壤pH值平均为7.24，呈中性，变幅为6.40～7.65，有助于中药材生长。

3.2.3 全氮量和铵态氮量

中药材的产量高低和品质优劣与土壤的肥力高低密切相关。土壤的肥力状况尤其是土壤的养分状况是直接影响植物生长的重要原因之一。药材对土壤肥力的要求因药材的种类、品种和生产阶段不同而不同。如何使土壤肥力适应药材高产的要求，是中草药栽培中的重要问题。

全氮量和铵态氮量是肥力大小的重要指标，在不同肥力条件的土壤上，种植同一药材的药效差异很大。在颠茄属、曼陀罗属中，植物生长的氮素含量最高，植物体内生物碱含量高。孙海等的研究表明，土壤养分影响人参皂苷积累，其中土壤中的有机质和全氮量、磷直接影响人参总皂苷的积累，人参总皂苷的积累与土壤有机质、全氮和全磷呈极显著相关（$P<0.01$）。土壤全氮量能改善土壤的物理和化学性质，有利于土壤团粒结构的形成，从而促进中药材的生长和养分的吸收。

4 建议与展望

方山县干旱少雨，春旱发生频繁，土壤瘠薄，林下光照和水肥条件相对较差，因此在间作药材品种的选择上应遵循以下原则：耐干旱瘠薄的乡土药材植物和树木在地上和地下的营养空间竞争程度较小，具有耐荫、早春或晚秋成熟等特点。方山县适生的药材品种繁多，栽培时要根据林分特点、土壤、坡向和海拔等因素综合考虑选择药材品种。另外，我国中药材品种繁多，不同产地的药材质量有较大差异，不同年份药材市场的需求和售价也有很大变化，品种选择上应首选地道的、大宗的药材品种，以保障销售。根据方山县的土壤理化特性及其他影响因素，将适合方山县的主要林药间作模式及适栽药材品种加以总结介绍，为生产栽培提供依据。

4.1 林药间作模式及适栽药材品种推荐

林药间作模式选择应根据林分的环境特点，充分利用林下的土地和光热资源，以种间搭配合理为主要原则，着重考虑搭配植物的生态习性和生长周期、林分的光照条件、地上和地下空间分配等因素，合理安排药材的种植期，以降低树木和药材的竞争强度；同时要注意保护林地的生态功能，尤其是自然植被的水土保持和生物多样性保护等生态功能，尽量减缓对原有土壤和植被的扰动强度。

4.1.1 经济林+药材间作模式

方山县正在推广种植经济林，其通常种植在土层较为深厚和肥沃的沟谷阶地、台地和梯田中，部分林地有灌溉条件；整齐的株行距使得林下光照较均匀一致，多年的耕作使林地多年生杂草较少，经济林+药材是理想的间作模式，可起到防止水土流失的作用，尤其是对处于幼树期的经济林，可替代中耕除草以降低种植成本。经济林间作药材主要有4种类型：早春植物如紫花地丁、款冬花、红花等，耐荫植物如天南星、半夏、地黄等，晚熟植物如菊花等，多年生植物如射干、桔梗、黄芩、白术、知母、紫菀、党参等。

幼树期可供选择的药用植物品种较多，只要不妨碍树木生长，可选择种植荆芥、草决明、牛蒡、金银花、补骨脂、地黄、紫苏等；适当种植一些深根性药材如板蓝根、丹参、防风、牛膝、甘草等，这样深挖反而有利于树木根系的扩展和土壤肥力的提高。此种间作模式应注意避免药材生长和采挖对经济树木产生的不利影响，尤其是种植藤本类药材和深根性药材品种。

4.1.2 天然次生林+药材间作模式

方山县天然次生林林相较差，郁闭度较低，树木种类多样，林下宜发展野生、半野生的多年生药材品种，如丹参、知母、党参、柴胡、葛根、三叶木通、穿山龙等，有技术条件的可林下种植天麻、茯苓等，也可利用林间空隙、林缘、沟边等空闲地种植木本药材，如杜仲、山茱萸、枸杞、金银花、连翘等。此种栽培模式在我国东北林区应用普遍，林下种植细辛、五味子、刺五加、穿山龙和人参等药材，取得了较好的效益。本间作模式药材在采挖过程中要注意保护林地的土壤结构以避免加大水土流失。

4.1.3 灌木林+药材间作模式

灌木林和灌草丛是方山县低山丘陵区自然植被景观的重要组成，林地光热资源充足，但通常立地条件较差，尤其是位于阳坡的灌草丛，土壤干旱瘠薄。为避免水土流失，宜发展采花、采果和全草类药材，可适当种植瓜蒌、枸杞、菊花、牛蒡、艾蒿、牵牛、连翘、白扁豆等药材，药材品种宜选多年生药材或可自然更新的品种，也可适当发展木本药材。本模式适合坡耕地和梯田的路边、田边等空隙地。

林药间作是一项系统的种植工程，应兼顾树木和药材的生长，合理安排株行距、增强通风透光条件，以减缓植株间争肥、水、光和空间等矛盾。林药间作中树木仍是经营的重点，不提倡对树木进行高强度扰动。

4.2 展望

本次研究主要对方山县土壤含水量、酸碱度、全氮量和铵态氮量进行初步测定和分析，由于时间和科研条件的限制，实验结果存在较大误差，以后应该设置多个采样点，测定土壤更多的理化特性，以便更加科学、系统地分析。因此，应通过查询资料补充完善方山县的土质状况，将适合方山县的主要林药间作模式及适栽药材品种加以总结介绍，为生产栽培提供依据，以期加快方山县林下经济的发展。

方山县境内多黄土沟壑荒山，同时又气候干旱、地表水土流失严重，农业环境极其恶劣，而林下中草药的积极发展，既能够使当地居民脱贫，还能使农村劳动力从传统的垦荒、过度放牧等生产方式转移，减轻土地资源的压力，使更多的土地得以空闲，改善土壤的理化特性，提升林草覆盖率，净化空气，提高当地的生物多样性，实现自然的生态修复，最终获得生态效益和经济效益的双赢。但林下药材种植还存在如观念落后，规模化程度低；投入不足，政策支持力度不大；研发落后，科技支撑不够等问题，需要我们提高认识，加大技术研发，优化林药产业结构，完善扶持政策，注重专业化的培养，进而使林药产业成为方山县摆脱贫困的"法宝"。

5 参考文献

[1] Oliver DP, Hannam R, Tiller KG, etal. Heavy metals in the environment: The effects of zinc fertilization on cadmium configure-tration wheat grain[J]. Journal of environmental, 1994(23): 705-711.

[2] 韩晓丽.土壤重金属污染及其化学修复对中药材生长及质量的影响[D]. 河南: 河南大学, 2008.

[3] 李隆云, 卫莹芳, 赵会礼, 等. 世纪初的中药栽培研究[J]. 中国中医药科技, 2007, 7(4): 246-248.

[4] 马增旺, 赵广智, 邢存旺.山区发展林下药材的前景、问题与对策[J]. 林

业实用技术, 2012, (11): 87-88.

[5] 房用, 慕宗昭, 蹇兆思, 等. 林药间作及其前景[J]. 山东林业科技, 2006, 164(3): 101-102.

[6] 周贻璜, 李中岳. 药用植物的开发与利用[J]. 中国林副特产, 2000(4): 52-53.

[7] 张树华, 王百田, 张春林, 等. 晋西黄土丘陵沟壑区土地利用结构优化研究[J]. 山西水土保持科技, 2010(2): 19-38.

[8] 赵济, 高起江. 晋西黄土高原地区遥感应用研究[M]. 北京: 北京师范大学出版社, 1992.

[9] 刘蝴蝶, 李晓萍, 赵国平. 山西主要耕作土壤肥力现状及变化规律[J]. 山西农业科学, 2010, 38(1): 73-77.

[10] 黄璐琦, 郭兰萍. 中草药资源生药学[M]. 上海: 上海科学技术出版社, 2009.

[11] 崔秀明, 陈中坚, 王朝梁. 土壤环境条件对三七皂苷含量的影响[J]. 人参研究, 2000, 12(3): 18-21.

[12] 张向东, 翟丙年, 张晓虎. 商洛中药材种植区土壤肥力诊断与综合评价[J]. 西北农林科技大学学报, 2011, 39(6): 137-141.

[13] Sun H, Zhang YY, Sun CW, et al. Relationship between soil nutrient status and ginsenosides content in different growth patterns of panax ginseng[J]. Acta Agriculture Boreali-occidentalis Sinica, 2012, 21(8): 146-152.

[14] 李建挺, 杨国阁. 退耕还林地间作药材应注意的关键问题[J]. 河南林业科技, 2008, 28(3): 5-7.

[15] 刘新波, 孙江, 燕天. 北方林药间作的几种模式[J]. 黑龙江科技信息, 2004(12): 134-137.

山西省吕梁方山农田、林地土壤的理化性质分析及其生产作物类型的调研

李祎祎

北京理工大学生命学院，北京 100081

摘　要：【背景】方山县农田重要的土壤类型是草甸土，林地的土壤类型是山地棕壤。【目的】本文通过检测方山县具有代表性的农田、林地土壤的酸碱度、矿物质含量、总氮含量等指标，并结合功能土壤类型、农作物类型进行调研分析。【方法】处理土壤样品获得土壤浸出液，取上清液进行酸碱度、矿物质含量、总氮含量等指标检测。【结论】方山县有发展农、林、牧业各业生产的基础，但土壤质量仍有待改善。可采取措施进一步改善土壤、适当拓宽生产作物类型，以促进其生态、经济综合发展。

关键词：方山县　土壤　理化性质　农作物

土壤是农田、林地的重要组成部分。山西省吕梁市方山县主要的农田土壤类型是草甸土，林地土壤类型是山地棕壤。草甸土有机质含量较高，腐殖质层较厚，土壤团粒结构较好，水分较充分，适宜耕种；山地棕壤可发展林牧业，其植被以铁杉、桦、槭等组成的针、阔叶混交林及云杉林为主。

土壤理化性质是土壤质量的重要指标。本文通过检测分布于山西省吕梁市方山县北部、中部、南部的六个具有代表性的农田土壤，以及庞泉沟自然保护区、北武当山风景区两个林地土壤的酸碱度、矿物质含量、总氮含量等指标，并结合功能土壤类型、生产作物类型进行调研分析。

1 研究材料与方法

1.1 土壤样品采集

1.1.1 时间、地点

本次土壤样品采集于2017年7月15日至7月24日，在山西省吕梁市方山县（介于东经111°2′50″—111°34′30″，北纬37°36′58″—38°18′27″之间）进行。

土壤采样地点大致分布如下。

（1）农田（表1）：

表1 采样农地的地理位置

样品编号	采集地点	地理位置	经度（东经）	纬度（北纬）
1	杨家沟村	方山县北部	111.52	37.96
2	阳圪台村	方山县北部	111.39	37.91
3	桥沟村	方山县中部	111.23	37.80
5	来堡村	方山县中部	111.29	37.74
6	阳河沟村	方山县南部	111.03	37.42
7	武回庄村	方山县南部	111.35	37.38

（2）林地（表2）：

表2 采样林地的地理位置

样品编号	采集地点	地理位置	经度（东经）	纬度（北纬）
1	庞泉沟自然保护区	方山县东北部	111.18	37.64
2	北武当山风景区	方山县北部	111.44	37.91

1.1.2 采集方法

农田：每个村随机选取三个农田作为采样点，各采样点间隔1km以上。土样采自深度为0~20cm的农地土壤，去除石块等杂质后均匀混合，采集约200g装入无菌袋中，标记保存。

林地：选取山脚、山腰、山顶三个地点作为采样点，土样采自深度为0~50cm的林地土壤，去除石块和植物根系等杂质后均匀混合，采集约200g装入无菌袋中，标记保存。

1.2 土壤样品检测方法

将土壤样品充分研磨，做烘干处理。取烘干后的土壤样品10g，加入100mL蒸馏水，浸泡24h，形成土壤浸出液，取上清液。对上清液进行酸碱度、矿物质含量、总氮含量等的测定。

1.2.1 酸碱度

利用pH测试笔，将笔头伸入待测溶液中，待显示数值稳定后读数。

1.2.2 矿物质含量

利用矿物质测试笔，将笔头伸入待测溶液中，待显示数值稳定后读数。

1.2.3 COD（化学需氧量）

以蒸馏水作为对照组，利用COD快速检测试剂（长度约为7cm的PE塑胶封闭性试管，内部填装了一次测定所需用量的调制试药）。使用时先将试管前端的预埋线拉出并挤出试管内气体，再吸入待测溶液并摇晃2~6次，使其与试药发生颜色反应，5min后比对标准色卡，判读其浓度值。

1.2.4 总氮含量

以蒸馏水作为对照组，利用总氮快速检测试剂（长度约为7cm的PE塑胶封闭性试管，内部填装了一次测定所需用量的调制试药）。取0.3mL待测溶液于专用杯中，加入1.5mL K-1试药，再用切割器切开K-2试药的试管并将其倒入专用杯，摇晃30s后静置15min。之后使用PE塑胶封闭性试管，将试管前端的预埋线拉出并挤出试管内气体，吸入专用杯中液体并摇晃10次，使其与试药发生颜色反应，5min后比对标准色卡，判读其浓度值。

1.2.5 重金属含量

利用水质检测箱中的重金属试剂进行测试。取30mL待测溶液，滴入2~5滴重金属试剂，观察溶液颜色，显示红色则说明含有重金属，颜色越深则重金属含量越高。

1.2.6 氨氮含量

以蒸馏水作为对照组,利用氨氮快速检测试剂(长度约为7cm的PE塑胶封闭性试管,内部填装了一次测定所需用量的调制试药)。使用时先将试管前端的预埋线拉出并挤出试管内气体,再吸入待测溶液,使其与试药发生颜色反应,10min后比对标准色卡,判读其浓度值。

2 结果与分析

2.1 土壤部分理化性质分析

2.1.1 酸碱度

方山县农田、林地土壤酸碱度如表3所示。

表3 方山县农田、林地土壤酸碱度

样品编号	采集地点	pH
1(农田)	杨家沟村(北)	7.10
2(农田)	阳圪台村(北)	8.29
3(农田)	桥沟村(中)	7.91
4(农田)	来堡村(中)	9.01
5(农田)	阳河沟村(南)	8.05
6(农田)	武回庄村(南)	7.29
7(林地)	北武当山风景区(山顶)	8.28
8(林地)	北武当山风景区(山腰)	8.19
9(林地)	北武当山风景区(山脚)	8.51
10(林地)	庞泉沟自然保护区	7.76

土壤酸碱度是指土壤溶液中氢离子浓度的负对数,用pH值表示,是土壤重要的化学性质。酸性或碱性物质的输入会导致土壤物理的、化学的及生物学的过程发生改变,且其与土壤养分的有效性及有害物质的产生有关,进而

影响土壤肥力，对生产作物的生长发育产生影响。土壤过酸会致使其稳定性下降、耐旱性减弱、侵蚀加速；土壤过碱会导致其有机质含量低、易板结，不利于耕作。

针对农田土壤，普遍认为其适宜耕种的pH值的范围是4~8之间，中性或接近中性。本次pH检测数据显示，方山县农田土壤的pH值在7.10~9.01之间，其中只有杨家沟村、桥沟村、武回庄村的pH值在适宜区间内，证明这三个村的农田土壤酸碱度适宜生产作物的耕种。

针对林地土壤，近年来，国内外进行了一系列关于土壤有效养分与土壤pH值的相关性研究，一般认为，植被土壤养分有效性的最高值大多出现在土壤pH值为6.5~7.5之间。数据显示，方山县林地土壤pH值在7.76~8.51之间，大于最适合植物生长的pH值，不太适合植物生长。北武当山风景区的土壤碱性强于庞泉沟自然保护区土壤的。

总的来说，方山县农田、林地土壤较各自生产作物最适宜的酸碱度相比偏碱性，土地盐碱化现象较为严重。

2.1.2 矿物质含量

方山县农田、林地土壤矿物质含量如表4所示。

表4 方山县农田、林地土壤矿物质含量

样品编号	采集地点	矿物质/ppm
1（农田）	杨家沟村（北）	41
2（农田）	阳圪台村（北）	33
3（农田）	桥沟村（中）	25
4（农田）	来堡村（中）	18
5（农田）	阳河沟村（南）	18
6（农田）	武回庄村（南）	18
7（林地）	北武当山风景区（山顶）	25
8（林地）	北武当山风景区（山腰）	25
9（林地）	北武当山风景区（山脚）	20
10（林地）	庞泉沟自然保护区	18

土壤矿物质作为土壤的骨骼，占土壤固体部分的95%以上，是十分重要的组成部分，对土壤的肥力等有很大影响。植物所需矿物质元素对植物生

长、发育有重要作用，矿物质元素供应失调可引起植物生理性病害；此外，矿物质元素的种类和含量与作物的品质、产量有一定的关系。本次矿物质含量检测数据显示，方山县农田土壤矿物质含量在18~41ppm范围内，林地土壤矿物质含量在18~25ppm范围内；除方山县北部农田矿物质含量大于林地矿物质含量外，其余农田与林地土壤矿物质含量基本相同；农田土壤矿物质含量由北至南逐渐下降；北武当山风景区矿物质含量大于庞泉沟自然保护区矿物质含量。

2.1.3 COD含量（化学需氧量）

方山县农田、林地浸出液中的COD含量如表5所示。

表5 方山县农田、林地浸出液中的COD含量

样品编号	采集地点	COD/（mg·L^{-1}）
1（农田）	杨家沟村（北）	20~50
2（农田）	阳圪台村（北）	50~100
3（农田）	桥沟村（中）	10~13
4（农田）	来堡村（中）	13~20
5（农田）	阳河沟村（南）	20~50
6（农田）	武回庄村（南）	20~50
7（林地）	北武当山风景区（山顶）	20~50
8（林地）	北武当山风景区（山腰）	20~50
9（林地）	北武当山风景区（山脚）	20~50
10（林地）	庞泉沟自然保护区	50~100

COD是指在一定严格的条件下，水中的还原性物质在外加的强氧化剂的作用下，被氧化分解时所消耗的氧化剂的数量。其反映了水中受还原性物质污染的程度，这些物质包括有机物、亚硝酸盐等，但一般水及废水中无机还原性物质的数量相对不大，而被有机物污染则较为普遍，因此COD可作为有机物质相对含量的一项综合性指标。

土壤有机质是土壤肥力和土壤质量的重要指标。数据反映，方山县农田土壤北部、南部的有机质含量高于中部的有机质含量；庞泉沟自然保护区土壤的有机质含量高于北武当山风景区土壤的有机质含量。

2.1.4 总氮含量

方山县农田、林地土壤总氮含量如表6所示。

表6 方山县农田、林地土壤总氮含量

样品编号	采集地点	总氮/($g \cdot kg^{-1}$)
1（农田）	杨家沟村（北）	0.15~0.2
2（农田）	阳圪台村（北）	0.10~0.15
3（农田）	桥沟村（中）	0.10~0.15
4（农田）	来堡村（中）	0.10~0.15
5（农田）	阳河沟村（南）	0.10~0.15
6（农田）	武回庄村（南）	0.10~0.15
7（林地）	北武当山风景区（山顶）	0.10
8（林地）	北武当山风景区（山腰）	0.10
9（林地）	北武当山风景区（山脚）	0.10
10（林地）	庞泉沟自然保护区	0.15~0.2

土壤作为重要的氮库，其氮元素的含量对整个生态系统的地球化学循环产生影响。土壤中的氮约90%为有机氮，无机氮占总氮的含量不足10%。其中有机氮大部分与无机矿物质结合，无机氮主要包括硝酸根离子、亚硝酸根离子、交换性铵根离子、非交换性铵根离子。

针对农田所耕种的生产作物来讲，其生产需遵循自然生态学原理，投入的总养分必须和耕作的生产作物带走的养分平衡，从而避免投入肥料过多造成土壤污染或投入不足造成产量下降。

数据显示，方山县农田与林地土壤总氮基本无差；农田土壤总氮由北至南大致呈下降趋势；林地土壤差距较小。

2.1.5 重金属含量

从全国范围来看，土壤重金属污染日益严重。根据农业部环保检测系统对全国24个省市，320个严重污染区约548万公顷土壤的调查发现，大田类农产品污染超标面积占污染区农田面积的20%，其中重金属污染占80%。

本次检测发现，所调查的方山县范围内农田、林地土壤均含重金属，并根据实验呈现的红色程度得出了其农地重金属含量，其含量多少需引起注意。

2.1.6　氨氮含量（表7）

表7　方山县农田、林地土壤氨氮含量

样品编号	采集地点	氨氮/（g·kg^{-1}）
1（农田）	杨家沟村（北）	14.4
2（农田）	阳圪台村（北）	9.6
3（农田）	桥沟村（中）	10.8~12
4（农田）	来堡村（中）	10.8~12
5（农田）	阳河沟村（南）	10.8~12
6（农田）	武回庄村（南）	10.8~12
7（林地）	北武当山风景区（山顶）	14.4
8（林地）	北武当山风景区（山腰）	12
9（林地）	北武当山风景区（山脚）	14.4
10（林地）	庞泉沟自然保护区	7.2

近些年，我国成为世界上施用化肥最多的国家，氮肥在土壤中累积导致土壤中的氨氮污染严重。土壤中氨氮污染的原因之一是用化工污水对农田进行灌溉，农田的生产作物受到危害；另一方面，氨氮污染土壤的同时，也造成了水体富营养化，氨氮指标超标。目前，我国在土壤氨氮的监测方面仍存在较大空白。

本次监测数据显示，方山县农田氨氮含量在9.6~14.4g/kg范围内，其中杨家沟村土壤的氨氮含量最高，阳圪台村土壤的氨氮含量最低；林地氨氮含量在7.2~14.4g/kg范围内，庞泉沟自然保护区土壤的氨氮含量低于北武当山风景区土壤的氨氮含量。

2.2　生产作物类型

方山县农田的典型生产作物主要有玉米、西红柿、土豆、辣椒等，其中玉米、土豆种植面积占较大比例。近年来，在方山县政府的号召下，当地农民开始种植部分适宜生长的中草药，如三七、柴胡等。

林地主要生产作物是落叶松、云杉等，橡、槐、漆等树木覆盖面积较大。此外，林地中存在何首乌、当归、荆芥、薄荷、山参、枸杞、七叶一枝花等野生中草药材。

3 建议

3.1 合理调整土地结构

方山县土地多用于农业，具体为农作物的种植。而本次研究发现，农田土壤并不十分适宜农作物生长，无法最大限度地保证土地的高效利用。因此，加快"五位一体"战略的实施，合理调整土地结构，退耕还林，不仅可改善土壤质量，不再过度开垦，有效解决当地水土流失、土地盐碱化等问题；还可促进农业产业结构调整，农民可以不再单一种植农作物，而是在造林后到林木郁闭前的时间段内进行林药、林经等间作。

3.2 从源头出发减少污染

方山县的土壤质量不高，数据反映当地土壤有盐碱化等问题，原因可能是化肥的过度施用或工业污水未能妥善处理。若想改善土壤质量，必须从源头出发来减少土壤污染。一方面，方山县应号召农民减少化肥的施用，尤其是氮肥的过度施用，以减少诸如氨氮污染等的土壤污染。另一方面，方山县应大力监管当地工业污水的处理及排放，杜绝工业污水污染当地土壤。

3.3 调整生产作物类型

调研发现，方山县农田生产作物种类较为贫乏，多年来固定耕种玉米、土豆等几种生产作物。因此，建议当地适当调整生产作物类型，根据气候条件筛选适合当地种植的生产作物，丰富生产作物类型；且尽可能每过几年更换一次生产作物，避免农田中某种生产作物持续耕种，以保证不过度消耗土地。

4 参考文献

[1] 解文艳,周怀平,关春林,等.山西省主要农田土壤有机质和全氮的空间

变异分析[J]. 山西农业科学, 2012, 40(5): 493-497.

[2] 张春辉, 吴永贵, 付天岭, 等.矿山废水污染对稻田土壤环境特征及不同形态氮含量的影响[J]. 贵州农业科学, 2014, 42(1): 122-126.

[3] 周璟, 张旭东, 周金星, 等. 我国植被恢复对土壤质量的影响研究综述[J]. 世界林业研究, 2009, 22(2): 56-61.

[4] 唐琨, 朱伟文, 周文新, 等. 土壤pH对植物生长发育影响的研究进展[J]. 作物研究, 2013, 27(2): 207-212.

[5] 孟红旗, 刘景, 徐明岗, 等.长期施肥下我国典型农田耕层土壤的pH演变[J]. 土壤学报, 2013, 50(6).

[6] 张雪莲, 李晓娜, 武菊英, 等. 不同类型土壤总氮的近红外光谱技术测定研究[J]. 光谱学与光谱分析, 2010, 30(4): 906-910.

[7] 李家业, 李光伦, 王玉军, 等. 造纸污水灌溉对地下水及土壤的影响研究[J]. 节水灌溉, 2010(6): 42-44.

[8] S Huang, JM Rutkowsky, RG Snodgrass, et al. Saturated fatty acids activate TLR- mediated proinflammatory signaling pathways[J]. Journal of lipid research, 2012, 53(9): 2002-2013.

[9] Budiman Minasny, Suk Young Hong, Alfred E. Hartemink, et al. Soil pH increase under paddy in Korea between 2000 and 2012[J]. Agriculture, Ecosystems and Environment, 2016, 221(1): 205-213.

[10]L. B. Fenn. Effects of initial soil calcium content on ammonia losses from surface-applied urea and calcium-urea[J]. Fertilizer Research, 1988, 16 (3): 207-216.

延安苹果园等地不同作物土壤质量状况及提升分析研究

许祖强

北京理工大学生命学院，北京 100081

摘　要：延安地处黄土高原腹地，苹果产地生态环境优越。各项气象指标均在苹果种植最适宜区范围内，空气二氧化硫、空气氮氧化物、水总汞、水总砷、水总铅、水氟化物、土壤汞、土壤砷、土壤铅等9项环境质量指标都小于国家标准限量值。加之光照充足，土层深厚，质地疏松，富含钾钙，是世界优质苹果生产7项气象指标完全符合的地区，是世界最佳苹果优生区的核心地带，是我国优势农产品区域布局规划——苹果种植区和苹果原产地域产品保护区。苹果产量保证的关键在于土壤。土壤是种植业的基础，也是发展现代农业、建设我市区域化国际大果业、生产优质果品的基本条件。其中土壤质量作为土壤肥力质量、环境质量和健康质量的综合量度，是土壤维持生产力、环境净化能力以及保障动植物健康能力的集中体现。

本文针对果园高产、高质、高效、安全目标，通过对延安苹果园土壤现状进行分析研究，指出实施提升苹果园土壤质量的途径，并就加强苹果园土壤质量建设提出相应的意见及建议，进而提高果园生产系统土壤质量和持续综合生产力。

关键词：延安　苹果　土壤　土壤质量　土壤肥力

1 前言

延安市地处黄土高原腹地，苹果产地生态环境优越。各项气象指标均在苹果种植最适宜区范围内，空气二氧化硫、空气氮氧化物、水总汞、水总砷、水总铅、水氟化物、土壤汞、土壤砷、土壤铅等9项环境质量指标都小于国家标准限量值；加之光照充足，土层深厚，质地疏松，富含钾钙，是世界最佳苹果优生区之一。

延安的果业尤其是苹果产业尽管取得了较好成绩，但是其一直存在的土壤问题制约着苹果产业的进一步发展。而土壤作为种植业的基础，也是发展现代农业、建设延安市区域化国际大果业、生产优质果品的基本条件。延安市苹果园土壤有机物质偏低、土壤养分瘠薄、土壤水严重亏缺，已成为延安苹果生产的一大障碍因素，影响土壤养分的释放与供给。因而，通过对不同果园进行土壤采样并统计资料数据和文献资料数据，从陕西延安苹果园、樱桃园等不同生态区域调查和典型分析两个层次，研究不同区域、不同果园之间的土壤状况，探讨果园土壤质量提升的技术和政策以及双层面的综合管理措施与对策。

2 研究方法

2.1 采样点介绍

安塞，地处黄土高原腹地，位于延安市北部。旅游资源富集，油气资源丰富，历史文化深厚，具有光荣的革命历史。安塞腰鼓被誉为"东方第一鼓"和"中华鼓王"称号，安塞先后被授予"腰鼓之乡""民间绘画之乡""剪纸之乡""民歌之乡"和"曲艺之乡"。安塞区南沟村距延安市区15千米，按照"山水林田湖综合治理、一二三产融合"的发展思路，着力打造集现代农业、生态观光、乡村旅游于一体的综合性示范景区，景区规划面积24km^2，总投资13.9亿元，核心区6.1km^2，已完成投资3亿元，建成矮化密植苹果园、生态酒店、格桑花谷、沙地摩托和花样迷宫等项目，累计接待游客50万人次，成为延安周边乡村旅游的首选地。生态园区坐落在地理条件复杂的黄土高原上，依靠南沟农业生态示范园"企业带动、群众参与"的新型合作模式以带动更多的困难群众实现脱贫致富。南沟村作为现代生态农业示范园区，建成后北接枣园、南连万花，在延安外围形成了一条新的旅游环线，给延安市区居民以及外来游客提供了一个休闲、垂钓、采摘、科普、观光农业、农耕体验综合一体的旅游度假区。园区果园面积700多亩，其中苹果种植面积达500余亩。

后孔家沟村位于延安市宝塔区柳林镇。宝塔区的土地多属山坡地，位于陕北黄土高原中部，这里四季分明，雨量适中，光照充足，温差大，土层厚，所产的山地苹果果型端正，口感清脆，甜度浓郁，耐储存，耐运输，是国内外公认的山地苹果的最佳优生区，也是全国66个苹果重点基地县之一。"十一五"期间，宝塔区委、区政府因地制宜，把种植山地苹果作为农民增收的重要渠道。按照"政府推动、政策引路、科技示范、典型带动、财政扶持、提升效益"的发展思路，宝塔区构建了党政推动、财政支持、干部服务、农民主体的产业建设新格局，极大地调动了果农生产的积极性。他们专门成立产业开发领导小组，制订了苹果产业发展规划，出台了一系列有利于苹果产业发展的优惠政策，建立了领导干部包抓产业制。

两地土壤属于黄绵土类/黄绵土亚类，棉土土属，土种为绵黄土，成母土质为黄土母质，海拔都在1 100m左右，地貌类型属于高原，pH值在9左右，有机质在4以上。

2.2 采样方法和标签记

2.2.1 采样器具准备

（1）工具类：铁锹、铁铲、铁耙等。

（2）器材类：土壤温度计、海拔仪、温度计、气压表、照相机、直尺、样品袋、样品箱、信封、密封袋、离心管等。

（3）文具类：样品标签、采样记录表、马克笔、铅笔、资料夹等。

2.2.2 采样过程

本次调研过程是对不同果园土壤进行采样分析，因而在采样过程中采取分块随机、等量原则，即在不同果园内选择果树下根系土壤进行取样，距地表约10cm，每个取样点设置阳面和阴面进行分别取样，其中每一面设置3个取样区，取样混合。取样现场记录海拔、气温、土壤温度、取样深度等信息，将土样带回实验室进行各项指标的进一步检测。

2.2.3 样品分析

（1）本研究设计8个果园7种水果12份土样，将其进行编号：

①南沟村苹果（阳面）。

②南沟村苹果（阴面）。

③南沟村樱桃。

④南沟村枣。

⑤南沟村桃。

⑥南沟村杏。

⑦南沟村葡萄。

⑧南沟村梨。

⑨后孔家沟村苹果（阳面）。

⑩后孔家沟村苹果（阴面）。

⑪后孔家沟村豆菜轮茬（阳面）。

⑫后孔家沟村豆菜轮茬（阴面）。

（2）检测指标。

①含水量（恒温箱）。

室温下，对培养皿进行称重，取3g左右样品置于无盖培养皿，并将其磨碎平铺于培养皿中，做好标号，统一放置在烘箱中105℃烘干5小时，待完全冷却后取出，天平上测量完全风干后的样品重量，差值法计算土壤含水量。

②pH（pH笔）

取下保护套，用纯净水清洗并用滤纸吸干水分，打开开关将笔头插入溶液，充分接触被测介质，数值稳定后进行读数，关闭pH笔，清洗盖上保护盖。

③矿物质（矿物质笔）。

测水前，首先按开关键，第一个灯亮代表电流正常，可以测水。测试时，按紧开关键，先从低挡位开始测起，根据指示灯亮灯的数量，对照左侧数值，读得相应的矿物质含量，若红灯亮，则表示超过40ppm，要切换到高挡位测试，根据指示灯亮灯的位置，对照右侧数值，读得相应的矿物质含量，若红灯亮，则超过400ppm。

④TDS。

取下笔套，打开ON开关，将笔放入测试溶液中，溶液高度不超过2cm，将笔在溶液中搅动，待读数稳定后，TDS数值显示在屏幕上，按住HOLD键锁定数值。

⑤COD（共立试剂）。

将测试管顶端的预埋线拉出，挤压测试管将空气排出，利用压力差吸入待测液，指定时间后比对标准色判读浓度。

⑥总磷。

将测试管顶端的预埋线拉出，挤压测试管将空气排出，利用压力差吸入待测液，指定时间后比对标准色判读浓度。

⑦总氮。

取0.3mL待测液于检测盒中，加入1.5mLK1试剂，再加入K2试剂，盖上上下摇晃，静置15min后比对标准色判读浓度。

⑧氨氮。

将测试管顶端的预埋线拉出，挤压测试管将空气排出，利用压力差吸入待测液，指定时间后比对标准色判读浓度。

⑨微生物种类、数量分析方法。

第一，培养基的配制。

牛肉膏蛋白胨培养基：牛肉膏3g、蛋白胨10g、NaCl 5g、琼脂15~20g、无菌水1 000mL、pH 7.4~7.6（7.0~8.0）。

按照上述比例依次准确称量牛肉膏、蛋白胨、NaCl、琼脂于大烧杯中（牛肉膏利用玻璃棒卷取置于称量纸上称量，连同称量纸一起加入烧杯中），加入水搅拌，待牛肉膏溶解后快速取出称量纸。溶液倒入三角瓶，封口膜扎紧瓶口，121℃高压灭菌锅中高温灭菌20min，稍冷却后倒入培养皿（15~20mL/只），充分冷却凝固备用。

解磷培养基：葡萄糖10g、$(NH_4)_2SO_4$ 0.5g、NaCl 0.3g、KCl 0.3g、$MgSO_4$ 0.3g、$FeSO_4$ 0.03g、$MnSO_4$ 1g、$Ca_3(PO_4)_2$ 5g、Agar 15g。配制过程如上。

解钾培养基：玻璃粉1g、Agar 10g、H_2O 1 000mL、蔗糖5g、$NaHPO_4$ 2g、KCl 0.3g、$MgSO_4$ 7g、H_2O 0.5g、FeCl 0.005g、Ca_3CO_3 1g。配置过程如上。

第二，土壤稀释液的制备。

称取新鲜土样5.00g，加入盛有45mL无菌生理盐水的三角瓶中，置震荡器上震荡15min，即得10^{-1}浓度的土壤悬液，静置30s后，用1mL无菌吸管吸取10^{-1}浓度的土壤悬液1mL放入9mL无菌生理盐水中吹吸多次，充分混匀，即得10^{-2}浓度的土壤悬液，依次稀释至10^{-5}浓度，即可得到一系列梯度浓度的土壤稀释液。

第三，接种与培养。

取冷却备用的培养皿若干，用200μL无菌枪由低浓度向高浓度顺序吸取稀释液，向培养皿中接种，用涂布棒将稀释液均匀涂布在培养基表面至稀释液完全吸收，用记号笔在皿盖上标明样品号、接种稀释度、接种日期等。接种完毕后，将培养皿重叠，倒置于培养箱中37℃培养48h，记录培养基上的菌种及个数。

第四，菌数的计算。

菌数=计数皿平均菌落数×计数皿稀释倍数×水分系数

水分系数=1/（1-W%）（W%为自然含水量）

3 结果与分析

3.1 土样采集海拔温度（表1）

表1 土样采集海拔温度

内容	海拔/m	气温/℃	取土深度/cm	土壤温度/℃
南沟村苹果（阳面）	1 250	34	14	24.5
南沟村苹果（阴面）	1 250	34	12	24.5
南沟村樱桃	1 250	27	12	24.3
南沟村枣	1 240	28	8	25.5
南沟村桃	1 240	28	10	23.4
南沟村杏	1 150	27	8	25.8
南沟村葡萄	1 240	28	8	24.6
南沟村梨	1 150	28	8	25.8
后孔家沟村苹果（阳面）	1 160	25	8	23.4
后孔家沟村苹果（阴面）	1 160	26	11	23.4
后孔家沟村豆菜轮茬（阳面）	1 160	26	9	24.2
后孔家沟村豆菜轮茬（阴面）	1 160	26	9	24.5

世界各地优质苹果产地气候优生资源对照（表2）。

表2 世界各地优质苹果产地气候优生资源对照

最适宜区	全年日照时数/h	全年降雨量/mm	海拔/m	年均温/℃	六月至八月均温/℃	四月至十月均温/℃	一月均温/℃	绝对最低温度/℃
指标要求	2 000~2 800	200~800	800~1 500	9~11	18~24	13~18.5	0~9	−1~25
陕西延安	2 448.6	507.7	958.5	9.9	22.1	17.5	−5.5	−23
山东青岛	2 559.3	777.4	20.0	11.9	23.6	19.6	−2.6	−20.5
辽东雄岳	2 743.0	611.0	—	10.4	24.2	18.4	−5	−19
日本长野	2 056.3	1 014.4	418.0	11.3	22.6	18.2	−1.5	−17
法国里昂	2 018.0	731.5	200.0	11.4	19.7	16.2	2.4	−25
美国罗切斯特	—	839.4	166.0	8.9	20.8	16.0	−4.1	−24.4
意大利波尔萨诺	1 913.0	781.0	271.0	21.4	21.4	17.9	0.6	−15.4

由上述测得数据与所查找到的世界各地苹果优产地区气候等资源对比可知：延安地处黄土高原腹地，均海拔近千米，拥有得天独厚的自然条件。延安市地域辽阔，光照充足，早晚温差大，年均无霜期170天，年均气温9.9℃，年均降水量500多mm，年日照时数2 448.6h，土质黄绵、疏松，富含钾、钙、镁、锌、硒等多种微量元素，是符合世界苹果最适区7项气象指标的最佳优生区，生态环境优越。各项气象指标均在苹果种植最适宜区范围内，空气二氧化硫、空气氮养化物、水总汞、水总砷、水总铅、水氟化物、土壤汞、土壤砷、土壤铅等9项环境质量指标都小于国家标准限量值。延安是国内外专家公认的世界最佳苹果优生区的核心地带，是农业部确定的现代农业示范区、全国优势农产品区域布局规划苹果种植区和苹果原产地域产品保护区。

3.2 不同类型土壤含水量及其他基本成分含量

（1）土壤含水量测定结果（表3）。

表3 土壤含水量测定结果

内容	培养皿/g	新鲜土壤/g	干燥后总重量/g	平均土壤含水量/W%
南沟村苹果（阳面）	32.40	3.0	35.02	14.5
南沟村苹果（阴面）	32.20	3.0	34.7	16.7

续表

内容	培养皿/g	新鲜土壤/g	干燥后总重量/g	平均土壤含水量/W%
南沟村樱桃	32.60	3.0	35.28	11.9
南沟村枣	34.42	3.0	37.13	10.7
南沟村桃	32.16	3.0	34.83	12.4
南沟村杏	31.70	3.0	34.3	15.4
南沟村葡萄	32.10	3.0	34.77	12.4
南沟村梨	28.94	3.0	31.48	18.1
后孔家沟村苹果（阳面）	32.61	3.0	35.58	10.01
后孔家沟村苹果（阴面）	35.94	3.0	38.54	15.4
后孔家沟村豆菜轮茬（阳面）	34.60	3.0	37.54	12.0
后孔家沟村豆菜轮茬（阴面）	36.78	3.0	39.67	13.8

由上述测得数据表明，在安塞区南沟村所取得的样品的含水量和柳林镇后孔家沟村的基本相似，普遍较高，阴面阳面区别不大。两地含水量基本相似并较高的原因可能在于南沟村生态示范园中的果园土壤为新治沟造地翻上来的土壤，且灌溉设施较为全面，加上取样时间为上午，故而土壤含水量较以前高，而后孔家沟村果园内进行的坑施肥水和秸秆覆盖都能够较好地保存土壤水分，这也是延安果园为了应对降水不足、水资源匮乏、土壤保水能力差等问题而新研究出来的对策，也可看出这些对策较好地缓解了土壤水资源的问题。水分不仅对果树生长至关重要，而且对果树营养元素的摄取也有很大影响。植物的根系与外界生长的土壤环境之间是一种平衡的关系，当土壤中的水分含量比较高的时候，植物中的水分就会通过根系的膜进入植物的体内，并伴随着土壤中大量的无机营养元素。但是当土壤中的水分含量不足时，植物根系中的浓度就低于外界的生长环境，这使得活动主要是根系通往土壤环境中的比较多，而土壤中的元素进入植物体内的则偏少，从而对植物的生长需要有所影响。

（2）土壤其他指标测定结果如下（表4）。

表4 土壤其他指标测定结果

内容	pH	TDS/ppm	COD/(mg·g⁻¹)	磷酸盐/(mg·g⁻¹)	总氮/(mg·g⁻¹)	氨氮/(mg·g⁻¹)
南沟村苹果（阳面）	8.52	951	11	0.7	30	0.3
南沟村苹果（阴面）	8.9	63	20	0.4	1	0.3
南沟村樱桃	8.54	1044	9	0.3	30	0.3
南沟村枣	8.45	998	12	1.5	25	0.3
南沟村桃	9.06	56	14	0.15	2	0.5
南沟村杏	8.87	58	11	0.1	1	0.4
南沟村葡萄	8.80	52	20	0.1	1	0.3
南沟村梨	8.94	64	12	0.3	2	0.4
后孔家沟村苹果（阳面）	8.76	48	25	0.5	1	0.5
后孔家沟村苹果（阴面）	8.83	54	20	0.4	3	0.5
后孔家沟村豆菜轮茬（阳面）	8.60	72	25	1	1	0.3
后孔家沟村豆菜轮茬（阴面）	8.70	53	35	0.2	0.8	0.2

图1为土壤稀释溶液共立试剂检测项目。

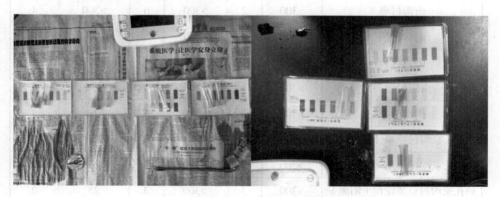

图1 土壤稀释溶液共立试剂检测项目

由所测得的数据资料得出，果园土壤测得的pH值在9左右，其COD含量即化学需氧量等指标显示出土壤有机质含量、矿物质含量、溶解性固体含量，南沟村苹果和樱桃较其他高，总氮也比其他高。根据数据资料，该地土壤属于黄绵土类/黄绵土亚类，棉土土属，土种为绵黄土，成母土质为黄土母质，海拔都在1 100m左右，地貌类型属于高原，pH值在9左右，有机质在4以上。根据国家无公害苹果技术规程要求，果园土壤有机质含量应该在1.5%以上，丰产稳产的果园土壤有机质含量应在2.0%以上。根据资料显示，2011年，延安安塞区果园土壤有机质含量在0.9%左右，不足1.0%，尚未达到国家标准要求。2016年洛川苹果园土壤的pH值大于7.5的果园占94.0%；土壤有机质含量处于较低或很低水平的果园占67.19%；土壤全氮、全磷、速效氮、速效磷含量处于较低或很低水平的果园分别占68.6%、86.3%、81.4%和67.1%；土壤速效铁、速效锰、速效锌和有效硼处于缺乏水平以下的果园分别占23.5%、11.8%、17.7%和64.7%。

（3）微生物计数结果（表5）。

表5 微生物计数结果

内容	稀释度：10^{-2}		稀释度：10^{-3}		稀释度：$10^{-4}/10^{-5}$	
	菌落总数	种类	菌落总数	种类	菌落总数	种类
南沟村苹果（阳面）	>300	5	159	2	20	2
南沟村苹果（阴面）	>300	5	>300	4	147	5
南沟村樱桃	>300	4	>300	5	272	5
南沟村枣	>300	2	>300	6	>300	4
南沟村桃	>300	4	>300	5	93	4
南沟村杏	>300	3	>300	4	>300	4
南沟村葡萄	>300	3	>300	4	198	4
南沟村梨	>300	3	>300	4	161	3
后孔家沟村苹果（阳面）	>300	3	340	2	159	2
后孔家沟村苹果（阴面）	>300	3	>300	3	20	2
后孔家沟村豆菜轮茬（阳面）	>300	3	>300	3	25	2
后孔家沟村豆菜轮茬（阴面）	>300	2	>300	2	147	2

图2为微生物培养。

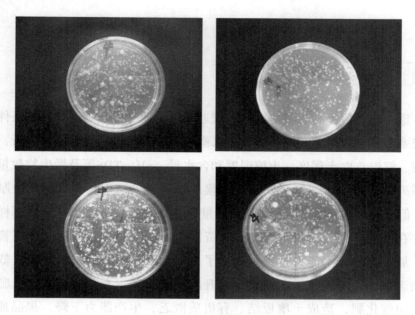

图2 微生物培养

牛肉膏培养基上樱桃稀释度10^{-4}（左上）牛肉膏培养基上桃稀释度10^{-4}（右上）
牛肉膏培养基上枣稀释度10^{-3}（左下）牛肉膏培养基上杏稀释度10^{-4}（右下）

由在牛肉膏上进行的微生物培养实验可看出，所取得的土壤样品的微生物种类在稀释至稀释度为$10^{-4}/10^{-5}$时才能够计数，在稀释度为$10^{-2}/10^{-3}$时菌落总数均大于300，种类也较为丰富，土壤微生物的数量和种类与土壤肥力也密切相关。土壤微生物是土壤生态系统的重要组成之一，与土壤肥力及土壤健康有着密切关系，在土壤形成与发育、物质转化与能量传递过程中发挥着重要作用，对动植物残体的分解、有机质的矿化、腐殖质和团聚体的形成、维持土壤生态系统平衡中起着不可替代的作用，是评价土壤质量的重要指标之一。土壤微生物多样性是指土壤生态系统所具有的微生物种类的多样性，是土壤微生物发育程度与活性的重要体现。综上可见，土壤微生物与土壤质量的关系至为密切，良好的土壤质量有利于保持土壤微生物的正常发育与多样性的稳定。

4 建议与展望

延安地处黄土高原腹地,均海拔近千米,拥有得天独厚的自然条件。对从安塞区南沟村果园和柳林镇后孔家沟村所取得的土样进行实验分析,包括海拔、气温、取土深度、土壤温度和含水量、pH、TDS等及微生物数量种类一系列结果来看,尽管延安当地气候条件等对果树生长有着得天独厚的优势,但是其土壤问题却一直是果树产量和质量的瓶颈。含水量问题同样也是其存在的问题,先天降水不足、水资源匮乏、水利设施落后、果园普遍缺水,加之土壤蓄水能力差,更加剧了土壤含水的问题。土壤有机质低、肥力缺乏是制约延安苹果产业优化提升的主要障碍。大部分果区有机肥源不足,偏施化肥,造成土壤板结、有机质匮乏,生产能力下降,果品质量提升难度大。

因而,综合以上分析,针对如何提高果园土壤质量和养分肥力可以从以下几个方面着手:

(1)增加和保持土壤有机质含量、提高产量,是生产的主要任务。这项任务就是给土壤有机质增加能源,主要的技术措施有以下几个方面:

①采用绿色生产技术,全面提高苹果的品质。一是要增施有机肥提高土壤有机质含量,精细花果管理,提高果园管理水平,建立生态果园,提高果品的质量;二是在病虫害防治上,以预防为主,注重生物防治,减少农药残留量,按国家或行业标准进行优质无公害生产,生产优质无公害水果。土壤有机质是为作物生长发育提供养分的仓库,是土壤养分中的大家族。另外,它还是判断土壤肥瘦标准的重要指标之一。所以,有机质在土壤中的地位和数量,一定要保持一个相对稳定的数才好。我国的土壤有机质含量,一般旱地为0.5%~3.0%,水田为1.5%~6.0%。因为有机质的分解和转化是在不断进行的,所以土壤有机质在消长过程中,土壤肥力也相应地随着不断改变。

②合理负载。根据土壤生产能力等各方面条件,确定合理的留果量,生产优质果品,适度减少土壤产出。

③秸秆覆盖翻入地下,为土壤增加有机物。

④大力发展堆肥。广开肥源,大力发展畜牧业,农家肥经过腐熟处理后按时足量施入。

⑤大力倡导在旱塬进行覆草,将小麦、玉米秸秆、果树落叶、修剪下来的枝条进行粉碎处理后进行果园覆盖。秋季焚烧秸秆既造成资源浪费又造成环境污染,将这些作物秸秆处理后覆盖果园作为堆肥,是一种有效有力的措施。

⑥大力发展果园生草技术,通过果园生草增加土壤有机质。

生草栽培有利于提高果园表层土壤有机质含量及其固碳潜力,增强土壤对有机碳的保护和碳汇作用。生草可以改变果园土壤的有机质、矿质养分、水分和物理性状等,进而影响树体生长发育和果实品质。

有研究表明,生草栽培的果园,土壤养分与清耕果园有明显的差异,清耕果园中土壤N、P、K元素严重缺乏,在不施肥的情况下,土壤中N、P、K含量每年递减幅度很大,可达30%;相反,在连续多年生草的果园中土壤N、P、K含量明显增加,特别是土壤中P、K及微量元素含量增加显著。

果园生草先进技术的应用。目前果园种植"鼠茅草"是最佳的方法,是其他绿肥草种无法比拟的果园覆草新技术。

"鼠茅草"可提高土壤蓄水能力,是减少土壤水土流失和地面水分蒸发的有效措施。长期覆草,还能改善土壤团粒结构,增加土壤有机质含量,提高土壤肥力,是一举两得的好事情。

⑦有机质偏低是延安果园土壤的基本现状。要培肥地力,就要提高土壤表层的有机质含量,其方法是增施农家有机肥或工厂化生产的生物有机肥。一般果园要求按照斤果斤肥的原则,亩施有机肥3 000~5 000kg(或亩施用含微生物且有机质含量在20%以上的生物有机肥150~250kg)或每亩果园覆草1 000kg或亩施蓖麻饼200~300kg。同时,施加少量的尿素,以利于微生物菌的繁殖,有机质的分解,从而使作物吸收。

(2)关于土壤保肥蓄水:

①成年果园根据树冠大小种植绿肥,在冬季或夏季耕作幼龄果园,树龄较大隙地很小的果园可以少种此绿肥。中耕除草:间作绿肥的果园随绿肥播种进行翻耕,树冠密集不能种绿肥或密植果园,每年冬季应翻耕一次,深度在15~20cm。但树干周围就浅耕。每年中耕除草几次,尤其应保持树冠下及其外沿周围的土壤疏松,保持水分,降低气温,清除某些病虫害。深翻:除

定植前开1m深宽壕沟外，5~6年或7~8年以后，地下1m的壕沟已经不能满足强大根系的要求。因此，必须扩穴深翻，才能保持地上和地下部分的协调关系，深翻要用电钻或手钻打炮眼，取出树下的石头，换上好土，分层压渣。为避免影响结果，最好每年翻半边。树盘覆盖：在冬季气温较低的地区进行覆盖防止冬季落果效果很好，覆盖方法同幼树。

②深翻土壤。要提高土壤的蓄水量，就要增加土壤的蓄水空间，即增加果园耕作层深度。深翻土壤在许多果园产生了良好的效果，而另一些果园只能进行浅翻，这样土壤的蓄水量就受到限制。

③多施有机肥。果园化肥施用量增多会导致土壤板结、蓄水能力减少。今后要逐步减少化肥施用量，不断增加有机肥的施用量，提高土壤的蓄水量。

④提倡果园种草。果园种草具有蓄水、保墒、提高土壤肥力等方面的作用。果园种草后，有利于提高土壤有机质的含量和土壤中微生物的活动，减少土壤板结，明显增加土壤的蓄水量。

⑤减少大水漫灌果园。目前有一些果园经常进行大水漫灌，这样易造成土壤板结，降低土壤的蓄水量。应积极推广果园滴灌、喷灌等节水灌溉新技术，减少土壤的板结现象，提高土壤的蓄水量。

5 参考文献

[1]杨永春.关于提升延安市苹果园土壤质量的思考[J].第二届全国测土配方施肥技术研讨会,2009.

[2]路树国,刘光东,贺春祥,等.果园豆菜轮茬增肥保墒促授粉[J].西北园艺:果树专刊,2015(6): 30-31.

[3]曹承绵,严长生,张志明,等.关于土壤肥力数值化综合评价的探讨[J].土壤通报,1983(4).

[4]黄婷,王旭东,王彩霞,等.黄土高原沟壑区果园土壤质量现状评价[J].现代农业科技,2009(21): 212-214.

[5]周红卫.山地苹果园"豆菜轮茬"一举多得[J].西北园艺:果树专刊,2014(4): 6-8.

[6] 胡曰利, 吴晓芙. 土壤微生物生物量作为土壤质量生物指标的研究[J]. 中南林业科技大学学报, 2002, 22(3): 51-53.

[7] 赵其国, 林先贵, 褚海燕. 土壤微生物与土壤质量研究[C]// 全国微生物肥料生产技术研讨会论文, 2010.

[8] 唐玉姝, 魏朝富, 颜廷梅, 等. 土壤质量生物学指标研究进展[J]. 土壤, 2007, 39(2): 157-163.

[9] 王林, 都晓峰. 关于提升陕西省延川县枣园土壤质量的思考[J]. 陕西农业科学, 2012, 58(2): 155-156.

[10] 吐合塔什·孜克亚. 果园土壤改良三项措施[J]. 农村科技, 2008(4): 27-27.

[11] 张雪琴. 延安市苹果园土壤质量现状分析与思考[J]. 现代农业科技, 2010(14): 255-256.

[12] 马顺利, 刘建勇. 有机质对果园土壤质量影响的研究[J]. 山东化工, 2001(5): 10-14.

[13] 张北赢, 陈天林, 王兵. 长期施用化肥对土壤质量的影响[J]. 中国农学通报, 2010, 26(11): 182-187.

[14] 张心昱, 陈利顶. 土壤质量评价指标体系与评价方法研究进展与展望[J]. 水土保持研究, 2006, 1(3): 30-34.

[15] 杨永春. 关于提升延安市苹果园土壤质量的思考[C]// 全国测土配方施肥技术研讨会, 2007.

[16] 卢树昌. 果园土壤质量状况与提升[M]. 北京: 化学工业出版社, 2013.

延河流域水质污染现状分析与评价研究

杨文娟

北京理工大学生命学院，北京 100081

摘　要：为了更好地对延河污染进行控制，增加延河水资源的利用率，缓解延安水资源现状，采用单因子污染指数、水污染指数和菌落总数测定对延河的5个断面进行水质分析和污染评价，最后确定延河水质的主要污染物及主要污染物断面。结果表明延河水主要污染物为氨氮、总磷、总氮和细菌类污染。延河上游水质较好，中下游主要污染断面为宝塔山和朱家沟断面。

关键词：污染分析　延河　抗性菌群　水质评价

1 引言

延河属黄河一级支流，发源于陕西省靖边县天赐湾乡周山，于南河沟乡凉水岸汇入黄河，全长286.9km，流域面积约7 725km²。延河在延安城区段东起桥儿沟口，北到兰家坪变电站，河道长9.71km。延安中心市区沿着延河、南川河和杜甫川河轴带发展，为全市政治、经济、文化以及旅游服务中心，承担城市的商贸、金融、教育、居住等功能，而城市规模和人口数量的迅速膨胀都给延安市的水环境带来了很大压力。因此，延河污染的综合治理对延安未来的发展至关重要。本文通过对延河上中下游不同断面的监测，对延河水质的污染情况进行综合评价，为延安的区域发展和延河的综合治理及有效利用提供可靠依据，并提出参考性建议。

2 材料与方法

2.1 样品采集

根据研究特点和研究目的，河水水样采集按照中华人民共和国环境保护行业标准《地表水和污水检测技术规范》（HJ/T 91-2002），在延安市区和安赛区的4个河流断面上进行布点和采样。

选择玻璃瓶以及聚酯乙烯塑料瓶作为采集地面水样的盛水容器，在采集水样之前先用蒸馏水冲洗容器。在河流采样时，首先用待采样河段的河水冲洗采样盛水容器3遍，然后将河流表层杂物拨开后，使用水样采集器深入10cm左右采集水样。根据需要每个样点采集水样4份，一瓶留有空气用作微生物测定，一瓶排尽空气用作COD指标测定，剩余两瓶用作其他化学指标测定。

样品测定标准参照原国家环保总局颁布的《中华人民共和国地表水环境质量标准》（GB3838-2002）。

2.2 主要试剂与器材

2.2.1 主要器材（表1）

表1 主要实验仪器

器材名称	型号	生产厂家
精密电子天平	ML204	梅特勒-托利多（上海）有限公司
超净工作台	YT-CJ-1ND	北京亚泰科隆仪器技术有限公司
电热恒温培养箱	DHP-9082	上海一恒科学仪器有限公司
高压灭菌锅	LDZX-30KBS	上海申安医疗器械厂
pH计	FE20	梅特勒-托利多（上海）有限公司
绿洲菌落总数测试片	BB202	广州绿洲生化科技有限公司
日本共立WAK-COD水质测试包	WAK-COD	日本共立Kyoritsu电气计器株式会社
日本共立总氮比色管	WAK-TNi	日本共立Kyoritsu电气计器株式会社
日本共立氨氮水质测试包	WAK-NH$_4$	日本共立Kyoritsu电气计器株式会社

器材名称	型号	生产厂家
日本共立磷酸水质测试包	WAK-PO4（D）	日本共立Kyoritsu电气计器株式会社
日本共立总硬度水质测试包	WAK-TH	日本共立Kyoritsu电气计器株式会社
家贝水质监测工具箱	A42-8	广州家贝水处理有限公司

2.2.2 试剂（表2）

表2 主要实验试剂

药品名称	纯度	生产厂家
琼脂粉	分析纯	MYM Biological Technology Company Limited
葡萄糖	分析纯	北京奥博兴生物技术有限责任公司
牛肉膏	分析纯	北京奥博兴生物技术有限责任公司
NaCl	分析纯	北京化工厂
青霉素钾	99%	华北制药股份有限公司

2.3 培养基

牛肉膏蛋白胨培养基：牛肉膏3.0g，蛋白胨10.0g，NaCl 5.0g，琼脂粉10.0g，蒸馏水1 000mL，pH7.4~7.6。

抗性培养基：牛肉膏蛋白胨培养基冷却至65℃，加入100mg/L青霉素钾。

2.4 检测方法

2.4.1 感官指标和化学指标的测定

水温采用温度计法；透明度采用十字法；臭采用文字描述法；pH采用玻璃电极法；总硬度、化学需氧量（COD）、氨氮（NH_3-N）、总氮、磷酸（PO_4）等的测定参照水质测试包具体操作说明书。

2.4.2 微生物指标——细菌总数测定

2.4.2.1 样品处理

取样品10mL放入含有90mL灭菌生理盐水溶液的容积为250mL的锥形瓶内，制成1∶10的样品匀液，再用1mL移液枪吸取1∶10样品匀液1mL，注入含有9mL稀释液的试管内，振摇后成为1∶100的样品匀液，以此类推，做出

1∶1 000等稀释度的样品匀液，每次换一支枪头。

2.4.2.2 菌落总数测试片法

水样样品选3个稀释度进行检测，将菌落总数测试片（BB202）置于平坦实验台面，揭开上层膜，用医用一次性无菌注射器吸取1mL样品匀液慢慢均匀地滴加到纸片上，然后再将上层膜缓慢盖下，静置10s左右使培养基凝固，每个稀释度接种两片。同时做一片空白阴性对照。将测试片叠在一起放回原自封袋中并封口，透明面朝上水平置于恒温培养箱内，堆叠片数不超过12片。培养温度为30℃±1℃，培养48h，然后计数。

2.4.2.3 涂布平板法

水样样品选择3个稀释度进行检测，待牛肉膏蛋白胨培养基冷却凝固之后，用移液枪吸取0.2mL菌液加入培养基表面，然后使用无菌涂棒均匀涂布菌液，直到无流动液体为止，倒置平板于恒温培养箱内，培养温度为30℃+1℃，培养24~48h，然后计数。

2.4.3 抗性菌群测定

参照2.3涂布平板法。

2.4.4 菌落计数与计算

可用肉眼观察，必要时用放大镜或者菌落计数器，记录稀释倍数和相应的菌落数量。菌落计数以菌落形成单位（colony-forming units, CFU）表示，具体规则与计算方法参见《食品微生物学检验——菌落总数测定》。

2.5 水质评价方法

2.5.1 单因子污染指数

利用单因子污染指数法对测试结果进行地表水环境质量现状评价，其计算公式为：

$$P_i = \frac{C_i}{C_{si}}$$

式中，P_i为单因子污染指数；C_i为单因子监测实测值（mg/L）；C_{si}为单因子评价标准。当单因子污染指数大于1时，说明该因子已超过标准，P_i值越大说明污染越严重。当单因子污染指数小于1时，说明该因子未超过标准，P_i值越小则该处水质越好。

2.5.2 水污染指数

水污染指数法（WPI）以单因子评价方法为基本原则，根据水质类别和WPI值（Ⅰ、Ⅱ、Ⅲ、Ⅳ、劣Ⅴ类水质对应的WPI值分别是20、20~40、40~60、60~80、80~100或>100），用内插方法计算得出某一断面每个参加水质评价项目的WPI值，取最高WPI值作为该断面的WPI值。

3 结果与讨论

3.1 水质分析评价

3.1.1 理化指标分析结果（图1）

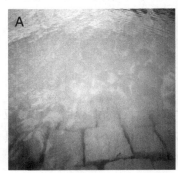

图1 延河流域不同断面采集样品（A王瑶水库；B朱家沟；C朱家沟水样）

分析和测定结果显示，采集的所有断面样品的海拔高度在893~1 190m之间，水温在30℃~36℃之间，大气压力为877.4~878.1Pa之间；pH值的变化范围在8.30~8.62之间，属于正常范围。水样矿物质含量在120~400ppm之间，而国标规定的自来水矿物质含量低于300ppm，所以延河水域中上游的水质基本符合自来水饮用标准。水样的总硬度在60~200mg/L之间，远远低于国标中规定的自来水（<450mg/L）的含量；水样的矿化程度值范围在265~537ppm之间，而且越是水域下游，矿化程度越高：王瑶水库和肖庄属于延河上游流域，矿化程度较低，宝塔山和朱家沟属于延河中下游流域，矿化程度较高；王瑶水库和肖庄的水质透明度较高，在12~15cm之间，宝塔山和老窑渠的水质透明度差，在8~10cm之间，而且较浑浊，泥沙含量大；监测项目还包括钙

镁、锌、抗氧化性和重金属，发现5种不同水样中均含有钙镁离子、锌离子和重金属，并且水样不具有抗氧化性。

3.1.2 单因子污染指数法的评价结果（表3～表4）

表3 地表水环境质量标准项目标准限值

mg/L

项目	I	II	III	IV	V
COD≤	15	15	20	30	40
NH₃-N≤	0.15	0.5	1.0	1.5	2.0
TP≤	0.02	0.1	0.2	0.3	0.4
TNi≤	0.2	0.5	1.0	1.5	2.0

表4 延河水域断面的单因子污染指数 P_i

样品编号	地点	单因子污染指数 P_i			
		COD	NH₃-N	TP	TNi
WY	王瑶水库	0.60	0.20	0.15	0.20
XZ	肖庄	0.65	0.20	0.50	0.50
BWE	宝塔山a	0.85	0.50	1.50	5.00
BNS	宝塔山b	1.00	5.00	0.35	6.00
ZJG	朱家沟	1.00	5.00	7.50	7.00

在所有的监测项目中，化学需氧量（COD）、氨氮（NH₃-N）、总氮（TNi）和总磷（TP）是具有反映水质优劣的重要指标，文中仅对这4项污染因子进行评价。

依照《中华人民共和国地表水环境质量标准》（GB3838-2002），利用单因子污染指数对测定结果进行地表水质量评价，根据污染指数值对河流断面进行污染程度分级。根据水环境功能类别区划和延河水域环境保护目标，采用《中华人民共和国地表水环境质量标准》（GB3838-2002）中的Ⅲ类标准作为延河流域水质评价标准（表3）。当单因子污染指数大于1时，说明该因子已超过标准，P_i 值越大说明污染越严重；当单因子污染指数小于1时，说明该因子未超过标准，P_i值越小则该处水质越好。王瑶水库和肖庄水样的4个项目的P_i值均不超标，说明这4种检测因子均符合地表水Ⅲ类标准；宝塔山a水样的总磷和总氮项目的P_i值大于1，说明这2个因子超标，不符合地表水Ⅲ类标准；宝塔山b水样的氨氮和总氮P_i值大于1，说明这2个因子超过地表水Ⅲ类标准；朱家沟水样的氨氮、总磷和总氮三项的P_i值均大于1，说明这3个因子都超标。总体来说，延河水域的污染主要是总磷和总氮。

3.1.3 水污染指数法的评价结果

延河水域5个断面的水污染指数分析见表5。

表5 延河水域断面的水污染指数分析

样品编号	地点	水污染指数WPI	水质类别
WY	王瑶水库	28	Ⅱ
XZ	肖庄	40	Ⅱ
BWE	宝塔山a	220	劣Ⅴ
BNS	宝塔山b	260	劣Ⅴ
ZJG	朱家沟	320	劣Ⅴ

由表中数据可知，水污染指数法通过计算各断面的WPI值，可以直观地判断水质类别，并识别出主要的污染指标。同时，由于水污染指数法通过WPI值将各断面的污染程度量化，从而使得同一水质类别情况下各断面污染状况的比较成为可能。王瑶水库和肖庄这2个断面的水质均为Ⅱ类，但是，通过比较WPI值可知，相对来说，王瑶水库的水质较好，肖庄的水质差一些；此外，宝塔山a、宝塔山b和朱家沟这3个断面的水质均为劣Ⅴ类，其中，朱家沟断面的水质污染最为严重。由此可见，水污染指数法在比较不同断面水质污染程度方面具有较强的应用价值。

延河流域表现出的污染情况主要是总磷和总氮超标，可能的原因一是延河流经人口密集的城镇，有些不经过处理的生活污水经排污口直接排入河道；二是延河径流小，自我修复能力差，超过了河流的纳污能力；三是延河流域水土流失严重，农业中的氮磷更易随地表径流污染水体。

3.2 抗性菌群测定结果（图2）

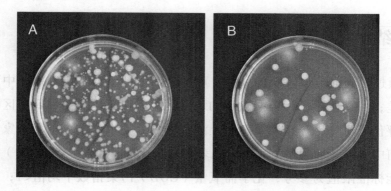

图2 延河水域肖庄断面菌落计数（A菌落总数；B抗性菌群；30℃，48h）

通过菌落总数测试片和涂布平板法对不同断面水质进行微生物指标监测（表6）。

表6 延河水域不同断面的菌群数目（48h）

样品编号	菌落总数/（CFU·mL^{-1}）	抗性菌群/（CFU·mL^{-1}）
WY	2.0×10^3	2.3×10^2
XZ	6.2×10^4	1.4×10^3
BWE	2.1×10^5	1.7×10^5
BNS	1.2×10^6	8.8×10^5
ZJG	2.5×10^5	2.1×10^5

结果显示，王瑶水库的菌落总数符合《中华人民共和国地表水环境质量标准》（GB 3838-2000）的Ⅱ类标准中粪大肠杆菌菌群数目的规定；而肖庄、宝塔山a、宝塔山b和朱家沟断面的菌落总数远远超过地表水Ⅴ类标准。根据检测到的抗性菌群数目显示，王瑶水库、肖庄和宝塔山b断面的抗性菌群数目远远小于菌落总数，说明这3处的菌群总体抗生素耐药性较弱，可能接触的青霉素类抗生素较少，大部分菌群没有表现出耐药性；而宝塔山a和朱家沟断面的水样中抗性菌群数目接近于菌落总数，表明水中的微生物总体呈现耐药性，可能是这两处流域的水样中含有青霉素类抗生素残留或者水中生活的微生物接触过相关抗生素，以至于出现耐药性。

4 结论

通过对延河流域水质的分析，可知延河水域上游水质较好，中下游水质较差；利用单因子污染指数法和水污染指数法对延河流域研究区的水质进行评价，可知王瑶水库及延河上游水样为Ⅱ类水，宝塔山和朱家沟在内的延河中下游流域为Ⅴ类水；以地表水质量标准（GB 3838-2002）Ⅲ类水域功能标准限值为参考，化学需氧量（COD）污染指数平均值<1；而氨氮（NH_3-N）、总磷（TP）、总氮（TNi）污染指数平均值>1；通过菌落平板计数和抗性菌群分析，王瑶水库的微生物数目不超标，延河上游和中下游的微生物数目超标，并且中下游水域抗性菌群数目明显增多。由此可知，延河中下游的污染主要来自氮磷和微生物超标。

5 建议与展望

针对延安市水资源紧缺和水域污染问题，提出如下一些参考性建议：

（1）落实最严格水资源管理"三条红线"管控制度。实行用水总量、用水效率"双控制"制度，把减少水的取用、消耗作为减少污染的重要措施。

（2）全力推行河长制，重点解决水污染突出问题。把水污染防治作为重点，开展河长制督查，解决涉河涉水突出问题。

（3）对各县市年度工作进行考核。把水功能区限制纳污、实现水质达标"红线"作为重点考核内容，开展水质监测，对各县区进行考核。

（4）开展入河排污口核查登记和整治工作。排污口审批管理是水务部门保护水资源、维系河流水功能区达标的重要工作，一定要按照上级统一要求，在全市范围内统一安排布置。

（5）开展水生态修复、水环境整治工程，保护水资源，防止水污染。延安市已投入90亿元实施延河流域综合治理工程，治理重点河流和重要支流。目前来看，应该加强治理，努力做到彻底整治，从源头治理水污染。

6 参考文献

[1] 周梦公, 郭雅妮, 惠璠, 等. 延河水质污染现状分析研究[J]. 环境科学与管理, 2016(1): 90-93.

[2] 张佳音. 延河、清涧河流域地表水污染调查评价[D]. 西安：西北大学, 2009.

[3] 延安年鉴编纂委员会. 延安年鉴[M]. 延安:延安年鉴社, 2006: 48 -292.

[4] 李子珮. 浅谈延安市水资源利用与节水型社会建设[C]// 2016全国河湖治理与水生态文明发展论坛, 2016.

[5] 齐文启, 连军, 孙宗光. 《地表水和污水监测技术规范》(HJ/T 91-2002)的相关技术说明[J]. 中国环境监测, 2006, 22(1): 54-57.

[6] GB 3838—2002, 地表水环境质量标准[S].

[7] GB/T 4789.2-2008, 食品卫生微生物学检验——菌落总数测定[S].

[8] 张亚丽, 周扬, 程真, 等. 不同水质评价方法在丹江口流域水质评价中应用比较[J]. 中国环境监测, 2015, 31(3).

[9] 刘琰, 郑丙辉, 付青, 等. 水污染指数法在河流水质评价中的应用研究[J]. 中国环境监测, 2013, 29(3).

[10] 刘欢, 吴金甲. 水污染指数法在河流水质评价中应用分析[J]. 安徽农业科学, 2014(21): 7164-7165.

[11] GB/T 5750.12-2006, 生活饮用水标准检验方法——微生物指标[S].

[12] Happonen M, Koivusalo H, Malve O, et al. Contamination risk of raw drinking water caused by PFOA sources along a river reach in south-western Finland[J]. Science of the Total Environment, 2016, 541(15): 74.

[13] Santos R, Joyeux A, Besnard A, et al. An integrative approach to assess ecological risks of surface water contamination for fish populations[J]. Environmental Pollution, 2016: 220.

治沟造地进程中土壤理化性质指标调研
——以安塞区高桥镇南沟村为例

徐子瑜

北京理工大学生命学院，北京 100081

摘 要：延安是全国治沟造地的发起地，延安治沟造地工程是土地整治工程和水土保持骨干工程的融合与创新。本文介绍延安开展治沟造地的背景、原因、工程现状，并以安塞区高桥镇南沟村为样品采集地点，通过对采集的土壤样本进行调研，分析治沟造地工程对土壤理化性质带来的影响。

关键词：治沟造地 现状 土壤 理化性质

1 引言

当前黄土高原丘陵沟壑区有很多沟道内耕地被撂荒或低效使用，"治沟造地"是延安市针对黄土高原丘陵沟壑区特殊地貌，为提升耕地质量而采用的一种沟道治理新模式，其对落实国家耕地保护和粮食安全保障战略有重要意义。治沟造地，让沟壑变良田，是延安人民在黄土高原丘陵沟壑区继退耕还林之后，为发展现代农业与生态保护而实施的创新之举。习近平曾作出重要批示："治沟造地是延安市的一项新举措，对于在黄土高原地区增加耕地面积、保障粮食安全、保护生态环境、促进社会主义新农村建设都具有积极意义。"

目前，关于治沟造地工程的现状、管理及未来农业发展的研究工作陆续展开，但是关于土地整治还田后沟道区土壤养分的研究极少。有机质是土壤供氮能力的重要指标，土壤中丰富的氮素可以提高作物对钙、磷、钾的吸收，而矿质元素中以氮磷钾对作物的生长影响最为显著。土壤养分制约农田生产力，只有充分了解土地养分特性，才能合理调控土壤肥力，因地制宜，采取最合适的施肥方式。在沟道治理过程中采用挖高填低、表土剥离、田坎修筑等工程手段，土壤质量必定会受到影响。除此之外，土地利用方式的改变，也会引起土壤养分的重新分布。本文以南沟村"治沟造地"工程项目土壤样品为材料，研究"治沟造地"前后土壤养分特性，为整治后土壤肥力的提升提供参考依据。

1.1 研究背景

延安市位于黄河中游陕北黄土高原丘陵沟壑区，辖2区11县，总人口225.28万人。延安市境内植被稀疏，沟壑纵横，总土地面积3.7万km^2。安塞区属陕北黄土高原丘陵沟壑区，地貌复杂多样，境内沟壑纵横、川道狭长、梁峁遍布，特点是山高、坡陡、沟深，相对高度为200米至300米。有4条大川道，1km以上的沟道1 802条，有大小峁3 169个，平均海拔1 371.9m，最高海拔为1 731.1m（镰刀湾乡高峁山），最低海拔为1 012m（沿河湾镇罗家沟），平均海拔为1 371.9m，城区海拔为1 061m。

农业稳，则天下安。随着城镇化、工业化的快速推进，如何挖掘粮食增长潜力，实现耕地数量质量稳中有增，成为陕西省农业发展面临的新课题。关中地区耕地不断减少；陕南山区多，土层薄且土地贫瘠，增加耕地潜力有限；只有陕北沟道蕴藏着增加耕地、增产粮食的巨大潜力。以延安为例，全市沟壑面积约占总土地面积的39%。这些众多的沟道，一方面是水土流失的策源地，另一方面又蕴藏着丰富的土地资源。据测算，全市沟道造地潜力达150万亩，可新增和恢复利用耕地100万亩。

2011年，治沟造地工程在延安市试点。2012年6月，省政府正式立项同意实施延安治沟造地工程，至2016年年底全市累计投入资金28.59亿元，治沟造地36.7万亩，增加了高标准农田面积，保障了粮食安全，进一步促进了退耕还林和水土流失综合治理，改善了沟道生态环境，实现了林草上山、粮食下山，受到群众欢迎。

2 研究材料方法

2.1 取样方法

选取未整治区域和整治后种植各种作物的土壤，采用对角线取样的方法进行样品的采集。每个点用土铲取土20cm深，每10cm取样一次，共获得土壤原状土样15个，置于信封中，并用塑封袋封好，带回实验室进行分析。

2.2 测定方法

2.2.1 微生物种类和数目

通过配制不同的固体培养基，将土壤样品与水按照1∶10混合，沉淀，取上清液，分别稀释10^{-2}、10^{-3}、10^{-4}三个梯度进行涂布，分24h、48h、72h观察菌落生长情况，记录菌落数目和种类。

2.2.2 pH值检测

将土壤样本与蒸馏水以质量体积比1∶5混合，搅拌，待仍为浑浊液时使用pH计对pH进行测量。

2.2.3 其他相关数据测量

矿物质、TDS（溶解性固体总量）：将适量土壤样本与蒸馏水混合，沉淀，取约30mL上清液于烧杯中，直接使用检测水质的共立水质检测箱中所含矿物质测试笔、TDS测试笔进行检测。

TH（全硬度）、COD（化学需氧量）、NH_4^+、全氮、PO_4^{3-}：将适量土壤样本与蒸馏水混合，沉淀，取约30mL上清液于烧杯中，直接使用共立水质检验试剂检测。

3 结果与分析

3.1 土壤样品中菌落数目及种类（表1）

表1 菌落数目及种类记录表

样本名称	观察时间/h	稀释10^2倍		稀释10^3倍		稀释10^4倍	
		菌落数目/个	菌落种类/种	菌落数目/个	菌落种类/种	菌落数目/个	菌落种类/种
治沟造地前土样1（10cm）	48	多不可数	不可计	140	9	64	9
	72	多不可数	不可计	196	9	120	9
治沟造地前土样2（20cm）	48	多不可数	不可计	多不可数	不可计	多不可数	不可计
	72	多不可数	不可计	多不可数	不可计	多不可数	不可计
治沟造地后土样1（15cm）	48	多不可数	不可计	280	10	70	6
	72	多不可数	不可计	多不可数	不可计	多不可数	不可计
治沟造地后土样2（15cm）	48	多不可数	不可计	多不可数	不可计	184	6
	72	多不可数	不可计	多不可数	不可计	多不可数	不可计
治沟造地后土样3（15cm）	48	多不可数	不可计	多不可数	不可计	多不可数	不可计
	72	多不可数	不可计	多不可数	不可计	多不可数	不可计

根据表1中数据，可以看出整治后土壤中微生物种类数目较多，可能是治沟造地过程对原来土壤造成一定扰动引起的。

3.2 土壤含水量测定（表2）

表2 土壤含水量测定

样品名称	烘干前土壤质量/g	烘干后土壤质量/g	含水量/g	含水率/%
治沟造地前土样1	3	2.89	0.11	3.67
治沟造地前土样2	3	2.93	0.07	2.3
治沟造地后土样1	3	2.68	0.32	10.67
治沟造地后土样2	3	2.56	0.44	14.67
治沟造地后土样3	3	2.86	0.14	4.67

3.3 土壤理化性质测定（表3）

土壤肥力取决于土壤养分状况，研究养分垂直分布可以了解土壤形成过程中自然因素、成土母质、气候、土地利用和管理方式的变化，这些因素影响着养分元素的迁移、累积以及生物地球化学循环。

表3 土壤理化性质测定

样品编号	pH值	矿物质含量	TDS	COD	NH_4^+	PO_4^{3-}	全氮
治沟造地前土样1	8.88	50	0.061	30	0.4	0.7	0
治沟造地前土样2	8.90	50	0.059	15	0.3	0.6	0
治沟造地后土样1	9.26	50	0.051	30	0.3	0.6	0
治沟造地后土样2	8.88	80	0.098	11	0.6	1.2	1
治沟造地后土样3	9.06	80	0.089	18	0.8	0.8	1.5

表3给出了研究区整治前后土样的理化性质情况。由数据分析可知，研究区土样偏碱性，在8.8～9.3之间，整治前后酸碱度变化不大。整治后土样矿物质含量、TDS均高于整治前土样，溶解氧波动较大，整治后土样NH_4^+、全氮含量要高于整治前土样，P含量差别不大。综合上述数据，可知土壤养分在各采样点分布不均。这可能是因为工程施工对表层土壤扰动强烈，造成了养分流失。除此之外还可能因为土壤整治后，农田种植了各种作物并人工施肥，从而导致土壤养分提高。

4 建议与展望

土壤中的氮含量一直是土壤养分关注的核心，然而硝态氮存在易随水分迁移淋溶的特点。淋溶出根系层的氮提高了地下水污染的风险，造成氮素损失、氮肥使用效率低，沟道区在降雨汇流与两侧山体承压作用下，地下水位比较浅，进一步增加了氮素淋溶风险。因此，在施肥管理时需把握高产作物养分需求生理期，实现时间和空间上的耦合。

土壤养分检测与测定技术逐步推广，推行氮磷钾长期定位监测，结合精准施肥技术，获得土壤养分含量后即可给出施肥方案，有针对性地投施肥料。

提高土壤养分含量还需加强管理，为防止耕地退化，实现农民增收，应当适时耕种，轮作与间作方式同步进行，改良贫瘠土壤。

5 参考文献

[1] 贺春雄. 延安治沟造地工程的现状、特点及作用[J]. 地球环境学报, 2015, 6(4): 255-260.

[2] 贺春雄. 延安治沟造地工程水毁成因及对策[J]. 陕西水利, 2014(1): 161-162.

[3] 张信宝, 金钊. 延安治沟造地是黄土高原淤地坝建设的继承与发展[J]. 地球环境学报, 2015, 6(4): 261-264.

[4] 雷娜, 韩霁昌, 高红贝, 等. 延安治沟造地工程水资源调控与利用分析[J]. 中国农村水利水电, 2017(5): 26-30.

[5] 王光东. 延安市治沟造地工程建设管理存在的问题及思考[J]. 陕西水利, 2014(1): 104-105.

[6] 谢冰祥. 延安市治沟造地工程植被恢复及坡面水土保持工程设计[J]. 水利科技与经济, 2014, 20(5): 38-39.

[7] 张宴蕾, 米珅. 论治沟造地工程对生态环境的保护[J]. 水能经济, 2016(6): 246.

[8] 周怀龙, 王文昭. 国土资源部将大力支持治沟造地工作[J]. 村委主任, 2012(4): 22.

[9] 黄劲, 李红艳. 治沟保护生态 造地造福后人[J]. 科技创新与应用, 2016(19): 161.

[10] 陈怡平, 骆世明, 李凤民, 等. 对延安黄土沟壑区农业可持续发展的建议[J]. 地球环境学报, 2015(5): 265-269.

[11] 汪飞, 马小丽. 治沟造地边坡植被修复技术研究[J]. 现代农业, 2016(8): 72-73.

[12] 杨东. 对子长县治沟造地工程的几点思考[J]. 城市建设理论研究: 电子版, 2012(16).

[13] 刘艳. 浅谈宝塔区石家河流域治沟造地综合治理[J]. 房地产导刊, 2013(13).

Chapter 02

第二章
生态科考之社科类论文成果

引 言

本次生态科考活动共形成了10篇社会科学类文章,其中涉及"精准扶贫""一带一路""三农问题"以及红色旅游和红色教育等多个国内热点话题。

科考山西队和江西队的队员均对精准扶贫战略中的扶贫新模式进行了调研。其中山西队的张淼鑫以山西方山县刘家庄村光伏电站为例,研究了当地光伏扶贫的新模式,结合已有的成功案例,对刘家庄村光伏发电扶贫项目发展提出了两点建议:一是加强"政银企"合作关系,增强扶贫力度;二是引入政府增信机制,降低投资风险。江西组的张壹心以石门村、东江源村、古坑村三个地方的教育为例,调查了解赣南地区农村经济与教育发展状况,同时探究了教育扶贫模式,并提出了自己的建议:定位扶贫对象,明确扶贫目标;立足社会需求,精确投入资金。而江西队的刘昌昊则关注了赣州市寻乌县的油茶产业扶贫,在经过对当地油茶种质资源、经营模式、加工利用、经济效益等现状及存在问题的调查和分析后,提出了油茶产业发展的对策措施:政府加强指导,科学规划油茶产业;发展油茶良种,统一规划管理;提高加工水平,开发多样化产品。

科考队还关注了农村和农业的发展。山西队的童薪宇为了解贫困地区老龄化与社保制度,对吕梁市方山县进行了考察,并就方山县未来社会保障的实施提出增加保险类别、细化制度管理、丰富筹资渠道的建议。山西队的王迪调查分析了方山县蔬菜大棚产业链发展现状,采用半结构式访谈和随机抽样走访的方法,对农户生产种植和市场销售现状以及产业链发展模式进行调查,并建议:政府鼓励和扶持蔬菜龙头企业的建设;巩固和完善蔬菜大棚的建设;发展桥沟模式,通过合作社加强农户间的交流和合作。江西队的张国栋关注的是赣州地区果业与林业的发展,对以赣南脐橙为代表的果业以及以油茶为代表的林业做了调查研究,采用实地走访与网上搜索资料相结合的方式，初步了解了其发展概况，并对其发展提出了一些建议与意见：形成规模化的生产，助力产业的发展；发展高端产业，加强深加工处理；多元化地发展，敢于去创新。而陕西队的关尚京则以延安地区苹果产业的发展现状为基础，结合延安市"十三五"现代果业发展规划，对延安市苹果产业的发展道路进行归纳，并根据现实条件对延安市苹果产业的发展提出建议：规模化集中土地资源；环保化满足了时代发展；产业化带动特色农业的建设；网络化提供信息和先进技术；大项目带动战略实现向现代农业转型升级。

同时，科考队还对科考地的红色旅游和红色教育进行调研。江西队的李盼盼通过对瑞金市红色旅游现状进行实地走访，对游客进行问卷调查，提出瑞金市红色旅游的发展建议：打造多样化红色旅游产品，增加游客参与性；打造区域协作旅游路线，吸引更多的游客观光游览；完善配套服务系统，提高从业人员素质。陕西队的张宇则着重调研了当地的红色教育，在对延安精神进行实地调查研究后，探析了延安精神对大学生的时代教育意义，并提出了以下建议：把延安精神引入思想政治理论课程，通过课程的学习让同学们更加深刻地体会延安精神；在社会实践时，将延安精神作为一个重点实践内容，让大学生体会继承延安精神的重要性；学校或学生社团定期组织红色专题的学习，让学生实地感受革命先辈的光辉事迹，传承红色革命精神。

此外，陕西队的白云飞关注了在"一带一路"倡议下的西安的发展建设，同时通过向普通游客、当代大学生和外国游客发放问卷的形式分析了民众对"一带一路"倡议及其发展的了解水平，提出了：搭建多方位合作平台，深化高等教育合作；加快建设丝路自贸区，构建功能一体化的欧亚经济综合园区；构建西安大旅游格局；加强政府和民间交往，突出西安元素，彰显西安魅力等建议。

精准扶贫战略下教育扶贫现状
——以赣南农村扶贫实践为例

张壹心

北京理工大学材料学院，北京 100081

摘 要： 背景：近年来随着精准扶贫战略的深入落实，赣南结合着自己的资源优势，从粗放型到精准型扶贫，再从产业扶贫到教育扶贫，发展出了一条符合当地社会实际的赣南特色扶贫道路。目的：调查了解赣南地区农村经济与教育发展状况，探究创新教育扶贫模式。方法：走访当地政府部门和群众，获得相关信息与数据，结合文献分析，得出相应结论。结果：赣南农村地区面临着地区资源差异明显、教育观念普遍落后的困境，创新的扶贫模式在推动教育、文化发展的同时也促进了经济的发展。结论：只有将经济发展与教育扶贫工作结合起来，才能真正实现从"输血式"扶贫向"造血式"扶贫的转变。

关键词： 赣南 精准扶贫 农村教育 扶贫模式

1 前言

东江——珠江的三大支流之一，发源自赣州市寻乌县桠髻钵山，它把共和国的摇篮和改革开放的前沿紧密连接，而在它的两头也呈现着中国经济社会发展的两个极端样本。在历史条件、基础设施、自然资源、区位交通等因素制约下，贫困成为赣南地区难以摆脱的符号。在过去的发展中，政府的扶贫模式更多的是以"输血式"扶贫为主，脱贫工作往往呈现快、急、短的效果，一段时期后便使得贫困问题逐渐走到了困境。党的十八大以来，以习近平总书记为核心的党中央把脱贫攻坚纳入"五位一体"总体布局和"四个全面"战略布局,把扶贫工作摆到了治国理政的重要位置,使得我国的扶贫工作进入了新的时期。

《中国农村扶贫开发纲要(2011—2020年)》提出了扶贫的"两不愁,三保障",即稳定实现扶贫对象不愁吃、不愁穿,保障其义务教育、基本医疗和住房,这就是扶贫所要达到最基本的要求。可以看到,在这些基本的保障中,教育是最根本的。贫困最直观的体现就是经济的落后,经济落后的背后是人才的缺乏,而教育是解决人才困境最彻底、最根本的途径,是阻断贫困代际相传的最好方法。在过去一段时期内,一直存在着这样一种现象:越穷的地方越难办教育,但是越穷的地方越需要办教育,这种恶性循环成为制约地区脱贫的最大障碍。实际上,经济和教育的发展并非孤立的,习近平同志在《我们应该怎样办好教育》中提出"什么是新的教育观呢?它不再是过去那种就教育论教育,而是把教育问题同经济、社会的发展联系起来,看这个地区的教育是不是促进了本地区经济、社会的发展。"因此,教育扶贫也是精准扶贫过程中最根本的、最困难、最重要的工作。

2 赣南农村教育扶贫实践与分析

2.1 农村地区发展现状

2.1.1 地区概况

石门村位于江西省会昌县西江镇东部,总面积3.93平方公里,有871户,共4 023人,其中,在2017年被认定为贫困户的有203户,致贫原因多为因病致贫,村民家庭收入主要来源为公共企业,40%的收入为外出务工,5%的收入为种植产业。该村有幼儿园一所,小学一所(学生400余人),初中一所(学生600余人)。目前,石门小学和石门初中利用暑期进行校园文化建设,投入资金300余万元。从总体而言,石门村的教育基础设施相对完善,并且教育投入力度较大。

位于寻乌县三标乡的东江源村,也被称作"东江源第一村",该村占地约有19 000亩,有100多户人家,其中,41户被认定为贫困户。由于该村靠近东江源头，政府在该村实施退果还林、封山育林的政策，当地的产业结构也随之转型。目前，该村劳动力大都选择外出务工，部分村民也在政府技术和资金的支持下开始在当地发展生态养殖业。同时该村教育设施较为薄弱，村内有一个小学，其中教师2人，学生6人。

古坑村位于寻乌县南桥镇，在过去长期的一段时间内，古坑村被当地人称为"苦坑村"，其贫困的状况难以得到根本性改善。全村389户，共1 610人，其中74户贫困户，共289人。该村是传统的客家村落，以种植业为主，拥有幼儿园一所，小学一所，其中有5名教师和40余名学生。

2.1.2 农村教育困境

（1）地区资源差异明显。

从石门村、东江源村、古坑村三个地区的教育状况来看，可以发现交通状况、产业发展、资金投入、生态保护等因素影响着地区教育基础设施建设工作的进程，往往使得地区之间的教育发展拉开差距，出现较为明显的地区差异，这些差异也使得地区教育、经济、社会的发展受到了制约，从本质上限制了精准扶贫工作的深入落实。

（2）教育观念滞后。

在农村，每一个家庭对于学子的期望几乎都是能上一个好的大学，而近年来随着市场与本科生供需之间差距的加大，本科生就业难的问题进一步凸显，"毕业即失业"的现象越来越普遍，同时也使得农村家庭对于学子读大学的必要性产生动摇。通过石门和东江源两村的走访发现，村民对于读职业院校的学生存在一定的偏见，认为高校本科学生才能成为社会精英。同时，村民对于自身的教育需求十分含糊，超过80%的受访人表示，自己很难投入时间接受新的技能培训，更愿意从事能直接上手的工作。由此可见，目前农村的教育观念是导致"思想贫困"的源头之一，也是贫困难以根除的深层原因。

2.2 教育扶贫政策与模式

2.2.1 政策特点

一是覆盖范围广。根据赣州市现行资助标准，对于建档立卡的学生，资助从学前教育到高等教育阶段全覆盖，对于未建档立卡的贫困户依然实现全覆盖。在学前教育阶段开始资助，对象包括孤儿、残疾学生、特困人员、救助供养学生等。对于接受中职教育的学生，农村户籍、城市涉农专业、城市不涉农专业10%困难学生免除学费。对于接受大学教育的学生，均提供生源地信用助学贷款。

二是投入力度大。对于一个建档立卡的学生，从学前教育阶段到本科阶段的资助金额最高可达59 150元，其中义务教育阶段和高等教育（本科）阶段资助力度最大，切实保障每一个学子都能完成义务教育，同时让每一个考取大学的学子能够完成学业。在教育扶贫工作中，社会力量的资助对象包括贫困库中的学生和义教、普高、中职在编在岗困难教师、幼儿园困难教师，具体项目为滋惠计划、润雨计划、励耕计划等。

2.2.2 扶贫模式

作为"十三五"时期的重点扶贫地区，在精准扶贫战略的引领下，古坑村结合村情整合资源优势，走出了一条具有当地特色的扶贫攻坚道路。

古坑村传统的作物有龙脑樟、油茶等，但是单一的销售途径使得村民的收入提高甚微，在很长一段时间内，外出务工成了当地人普遍的选择。发展"农村书屋+电商"模式以来，古坑村与外来公司合作将当地的油茶、龙脑樟等作物打造为古坑特色产品，再通过电商这一平台，将代购、代卖和物流结合为一体，村民足不出户，就可以将自家的农产品包装远销他乡甚至国外，促进群众增收。与此同时结合农村书屋的建设，使"农村书屋+电商"成为一个集聚人气的文化平台。农村书屋中的书籍从儿童杂志到农业、养殖业、畜牧业技术指导均——覆盖，同时还会根据村民的需求进行购买，为当地农民学习农业技术知识提供良好条件，为当地留守儿童营造良好的文化氛围。

"农村书屋+电商"这一模式将经济、文化、教育有机地结合在了一起，用文化助推经济，用经济助推教育、文化，这一循环模式也得到了良好的反馈：农村书屋平均每月借阅书籍人数增长3倍以上；电商产业带动贫困户增收，实现脱贫30户；2017年高考中，古坑村本科上线人数8人，再创新高。

2.3 扶贫模式探析

（1）定位扶贫对象，明确扶贫目标。

在当今社会竞争中，取胜者往往是观念超前、始终走在人群前面的人，而以农村人口为主体的贫困人口具有观念滞后、信息传播滞后、接受新事物较难等特点，而这也是导致贫困的最根本原因。因此，教育扶贫对象就不能单单地定位为贫困学子,而是贫困地区中处于思想贫困的人口。要想精确定位"思想贫困户"就要从教育发展模式入手,着眼于未来的复合型人才培养。由于传统的教育发展模式不利于培养复合型人才,满足不了现阶段国家发展的需要,所以必须由传统型教育发展模式转变为实用型教育发展模式。

(2)立足社会需求,精确投入资金。

实际上贫困地区最大的教育矛盾在于,贫困地区人口的教育成本和教育机会满足不了贫困地区人口对教育的需求,要想改变教育扶贫的现状,就得围绕贫困人口真正的需求去制定政策,使其符合贫困地区的实际需求,因此,必须要发展多层次的教育,提高教育扶贫的效率:职业教育、继续教育和成人教育在提高贫困人口的职业技能、增强贫困人口的就业能力方面有着巨大的动力。

3 结语

教育是阻止贫困代际相传最好也是最根本的途径,教育扶贫也是整个精准扶贫工作中最核心的内容。在赣南的农村扶贫实践中我们不难发现,只有建立新的教育观:把经济、教育、社会发展联系在一起,结合社会实际,整合现有资源,利用创新扶贫模式推动产业转型、教育扶贫、文化扶贫齐头并进,才能在提高扶贫效率的同时,实现"造血式"扶贫的目标。

4 参考文献

[1] 陈恩伦,陈亮. 教育信息化观照下的贫困地区教育精准扶贫模式探究[J]. 中国电化教育, 2017, (3): 58-62.

[2] 曾天山. 以新理念新机制精准提升教育扶贫成效——以教育部滇西扶贫实践为例[J]. 教育研究, 2016, (12): 35-42.

[3] 王前海. 绿色突围:红色寻乌的转型之梦[N]. 中国信息报, 2014-08-20(002).

[4] 颜涛. 湘西职业教育精准扶贫模式探究[J]. 教育现代化, 2016, (31):220-

221, 224.

[5] 纪严. 教育扶贫模式探究——以吉林省基础教育为例[J]. 现代教育科学, 2014, (10): 77-78.

[6] 鲁子箫. 农村教育扶贫的"因教致贫"困境及观念转向[J]. 教育理论与实践, 2017, (2): 10-12.

[7] 江辰, 王邦虎. "互联网+教育"扶贫模式机制建设分析[J]. 理论建设, 2016, (4): 16-20.

瑞金市红色旅游现状分析及发展对策研究

李盼盼

北京理工大学生命学院，北京 100081

摘　要：红色旅游是把红色人文景观和绿色自然景观结合起来，把革命传统教育与促进旅游产业发展结合起来的一种新型的主题旅游形式。瑞金是闻名中外的红色故都，有共和国摇篮之称，是苏区时期党中央驻地、中华苏维埃共和国临时中央政府诞生地、中央红军二万五千里长征出发地等。正是由于这些原因，它成了全国爱国主义和革命传统教育基地，是中国重要的红色旅游城市。本文通过对瑞金市红色旅游现状进行调查研究，并结合游客问卷调查，希望对瑞金市红色旅游的发展提出建议。

关键词：瑞金市　红色旅游　发展对策

1 前言

红色旅游是以与中国共产党相关的历史纪念地为资源的旅游，是指以1921年中国共产党建立以后的革命纪念地、纪念物及其所承载的革命精神为吸引物，组织接待旅游者进行参观游览，实现学习革命精神，接受革命传统教育和振奋精神、放松身心、增加阅历的旅游活动。这些红色旅游线路和经典景区，既可观光游览，也可了解革命历史、增长革命斗争知识、学习革命斗争精神、加深爱国情怀。

瑞金红色故都景区主要包括叶坪旧址群景区、沙洲坝旧址群景区、长征第一山——云石山景区、罗汉岩风景区、中革军委旧址、瑞金革命烈士纪念馆等红色旅游胜地和中华苏维埃第二次全国代表大会会址（中央政府礼堂）、中央革命根据地历史博物馆、中华苏维埃共和国临时中央政府旧址、中华苏维埃第一次全国代表大会会场、毛泽东同志旧居、中国工农红军学校旧址等红色景区。这些红色景区每年接待大量中外游客，据统计2015年，瑞金市共接待游客615万人次，实现收入22.5亿元，旅游收入占全市GDP的18.4%。2016年上半年，瑞金共接待游客308万人次，实现旅游收入10.5亿元，分别同比增长25%和36%。

本文主要选取江西省瑞金市的红色旧址——"共和国摇篮"旅游区中的叶坪旧址及中央革命根据地历史博物馆对红色旅游现状进行实地调研，并对景区工作人员进行访谈、景区游客进行问卷调查，了解瑞金红色旅游现状的情况，旨在对瑞金红色旅游献言建策，为政府和相关旅游部门的工作提供参考。

2 瑞金红色旅游发展的优势

2.1 红色资源、自然资源及人文资源优势

瑞金有着丰富而独特的旅游资源。瑞金拥有包括叶坪、沙洲坝、云石山在内的180多个革命旧址和纪念建筑物，全国重点革命文物保护单位15处，省级革命文物保护单位3处，馆藏文件1万多件，革命史料1万多件，国家级文物藏品22件，而且大多保存完好。瑞金境内拥有省级风景名胜区——罗汉岩、黄柏原始森林、"绵江第一峰"铜钵山、"长征第一山"云石山等风景名胜，这些名胜古迹引得无数名人雅士前来。瑞金还有丰富的历史文化遗存和民俗文化特色。瑞金作为客家文化的重要发祥地，已登记的不可移动文物点就有400余处，其中古塔10余座、客家宗祠100多个。这些都是非常珍贵的可以协同发展的旅游资源。

2.2 市场营销优势

瑞金市立足于自身丰富的红色旅游资源，不断加强自身宣传，形成了"红都瑞金"的旅游品牌，并出版"红色故都·七彩瑞金"系列丛书，编撰《红色故都·七彩瑞金》大型综合外宣画册，推出形象专题片，借助中华苏维埃共和国成立80周年之际，成功举办了（北京）纪念座谈会、（瑞金）纪

念大会、红都瑞金爱国主义教育基地联席会等系列重大纪念活动；针对景点增加、景区拓展的情况，实行联票制度，延长了旅客的逗留时间，增加了旅游收入，拉动了其他服务的发展。

2.3 区位与交通优势

瑞金地处我国中部地区，地理位置优越，东连沿海发达地区，西接内陆大开发地区，具有便利的承接优势。交通方面，瑞金地处闽东南三角区、珠江三角洲的直接腹地和内地通向东南沿海的重要通道，多条国道汇入瑞金境内，多条铁路横贯瑞金，有赣州、连城两座机场可供使用。便利的水、陆、空立体交通网络，使瑞金与外界的相连相通变得更加快捷、高效。

2.4 政策优势

2011年11月4日，苏区精神与井冈山精神、长征精神、延安精神、西柏坡精神一样，被正式纳入以爱国主义为核心的民族精神的框架中。2012年6月，《国务院关于支持赣南等原中央苏区振兴发展的若干意见》出台，"红色故都"迎来了新的发展机遇。2015年7月，经国家旅游局正式批复，瑞金共和国摇篮景区成为江西第七、赣州首个5A级旅游景区；8月，国务院同意将瑞金市列为国家历史文化名城。政府近年来的多项政策均显示出扶持发展红色旅游的力度。

3 瑞金红色旅游发展存在的问题

3.1 产品类型单一，产品参与性低

瑞金的对外形象是共和国摇篮，叶坪苏维埃旧址、红井这些响当当的景点以单纯的文物展览旅游为主，缺乏内在的文化价值，游客对瑞金缺乏文化精神上的感知，必然导致吸引力低下。

3.2 基础设施不完善，城市形象有待提高

瑞金市作为红色旅游城市，连接景区间的交通设施落后，高素质的景区

管理人员及景点解说人员比较缺乏，城市形象也有待进一步提高。

3.3 知名度有待进一步加强

由于瑞金市红色旅游起步较晚，旅游产品基本处于观光游览的水平，竞争力不强。与井冈山革命根据地、延安革命根据地等红色旅游品牌响亮的地方相比，市场知名度不是很高。

4 关于瑞金红色旅游发展的建议

4.1 打造多样化红色旅游产品

通过学术研讨、影视、大型音乐歌舞剧、书画摄影及系列体验性活动，丰富红色文化的内涵；从改进陈列方式、创新展示手段、丰富展出内容等方面入手，综合运用多种形式和"声、光、电"等高科技手段，解决基本陈列内容陈旧、手段方式落后的状况。红色旅游是一种实践性学习，应设计出"原汁原味、苦中有乐、先苦后甜"的红色旅游产品，增加游客的参与性。

4.2 打造区域协作旅游路线

瑞金不仅有丰富的红色旅游资源，并且还有多种多样的自然资源及底蕴丰富的客家文化等人文旅游资源。应将红色旅游资源与其他自然和人文旅游资源的开发有机结合，用红色精神感染人，用绿色美景留住人，用古色文化陶冶人，打造复合型旅游产品，促进旅游资源与旅游产品的可持续发展。红色旅游主要起到增强爱国情感、弘扬民族精神的作用，可以逐步降低门票价格甚至实行门票免费，这样可以吸引更多的游客来观光游览。对于其他自然资源或人文资源景点，可以通过不同手段满足不同游客的需求，实现资源的最大化利用。

4.3 完善配套服务系统

加大对景区硬件设施的投入和建设，完善景区内道路交通系统、停车场、饭店、旅游公厕、购物商场和娱乐场所等基础设施的建设，打造"吃、住、行、购、游、娱"完善的旅游形象。提高景区管理人员及解说人员的服务素质,邀请专家学者对人员进行培训,进一步提高从业人员素质。

5 结语

瑞金市具有丰富的红色旅游资源,多种多样的自然资源,区位优势、制度和政策优势明显,但也面临着基础设施不完善、开发深度不够、区域旅游协作不够等问题。需要通过完善配套服务设施、挖掘红色文化内涵、加大资源整合和区域协作力度等方法来促进瑞金市红色旅游的可持续发展。

6 参考文献

[1]伍延基,王计平. 红色文化遗产的保护与开发对策研究——以福建省为例[J]. 淮海工学院学报(社会科学版),2008(3): 80-82.

[2]巴佳慧,周春林,王少峰. 嘉兴南湖红色旅游发展模式研究[J]. 特区经济,2009(4).

[3]樊春梅,丁侃. 江西发展红色旅游的分析与对策思考[J]. 市场论坛,2011(5).

[4]胡婷婷,罗洁. 江西红色旅游SWOT分析与发展对策研究[J]. 北方经济:综合版,2011(16).

[5]牟红,刘聪. 景区经营与管理[M]. 上海: 上海人民出版社,2011:186-189.

[6]庄东泉. 江西发展红色旅游SWOT分析与可持续发展对策[J]. 江西财经大学学报,2005(3).

[7]Hamilton-Smith, E. Four Kinds of Tourism[J]. Annals of Tourism Research, 1987(14): 332-344.

[8]Dilat Y., Einav, L. Literary places, tourism and the heritage experience[J]. Annals of Tourism Research, 2001, 28(2): 312-333.

[9]王良举. 红色旅游基本问题研究[J]. 生产力研究,2006(9): 190-192.

赣州市寻乌县精准扶贫依托油茶产业发展调研
——以江西省赣州市寻乌县为例

刘昌昊

北京理工大学生命学院，北京 100081

摘　要：近年来赣州市寻乌县因为柑橘黄龙病的爆发，对当地果业打击很大，需要产业转型带动当地经济发展。发展油茶产业对于调整农业产业结构、促进农民增收、维护国家粮油安全、推动地区综合开发有着重要意义。随着国家政策的不断出台和资金投入的不断加大，我国油茶产业快速发展并取得了显著的成效，但也存在一些问题。通过对我国油茶种质资源、经营模式、加工利用、经济效益等现状及存在问题的分析，提出我国油茶产业发展的对策措施，研究结果可为指导我国油茶产业可持续发展提供一定的思路。

关键词：油茶产业　寻乌县　精准扶贫　问题　对策

1 前言

1.1 油茶产业介绍和发展现状

油茶，别名茶子树、茶油树、白花茶。油茶属茶科，常绿小乔木。因其种子可榨油（茶油）供食用，故名。茶油色清味香，营养丰富，耐储藏，是优质食用油；也可作为润滑油、防锈油用于工业。茶饼既是农药，又是肥料，可提高农田蓄水能力和防治稻田害虫。果皮是提制栲胶的原料。油茶树分布在低纬度、低海拔土层深厚的低山丘陵地区，适合生长在酸性土壤pH值为5~6.5之间，年平均温度为14℃~21℃，年降雨量为800~2 000mm，无霜期为200～360天，海拔300m以下，极端低温达-17℃，积温为4 250～7 000℃的地区。油茶树生长在中国南方亚热带地区的高山及丘陵地带，是中国特有的一种纯天然高级油料，主要集中在浙江、江西、河南、湖南、广西五省区，全国年产量仅为20万吨左右。

从2012年开始，赣南地区开始大量爆发柑橘黄龙病，导致当地的支柱——脐橙柑橘产业受到重创，经济损失巨大。由于柑橘黄龙病的发病特殊，可防可控不可治，促使很多农民和当地领导部门开始拓展思路，寻找新的农作物来给当地提高经济收入，帮助农民致富摆脱贫困。作为经济价值高、发病率低、易于种植的传统种植物，油茶进入了人们的视野。果业受到毁灭性打击，果农产业转型改种油茶要求迫切，从而掀起了油茶发展的高潮。

赣州市是江西省最大的油茶主产区之一，是全国重要的油茶种植区，被国家列为全国油茶产业发展示范市。在2016年年初，国家质检总局正式批复"赣南茶油"为国家地理标志产品。近几年来，特别是习近平总书记在2015年全国两会期间参加江西代表团审议时，对赣南革命老区发展油茶和精准扶贫作出重要指示后，赣州市紧紧围绕全国生态文明先行示范区和全国革命老区扶贫攻坚示范区建设，大力发展油茶生态产业，并取得了良好的成效。寻乌县原是江西省省重点油茶县之一，油茶在寻乌县有悠久的栽培历史。在特定的扶持措施下，农民种植油茶的积极性得到了提高。

2 研究理论与方法

文章运用农业经济学、区域经济学等基本理论与方法，采用理论研究与实地调研相结合的方法，对江西赣州精准扶贫油茶产业发展模式的必要性和效果进行了系统的研究，并结合寻乌县当地精准扶贫油茶发展机制的现状制定了具体执行方案，在一定程度上填补了精准扶贫油茶发展领域的研究空白，为其他地区发展油茶产业扶贫提供了参考。

3 结果与分析

3.1 寻乌县当地油茶扶贫现状

寻乌县南桥镇为寻乌"南大门",是全国重点镇、省百强中心镇、市小城镇建设示范镇、县扶贫攻坚示范区。全镇18个行政村,总人口32 082人,2016年在册贫困人口1 468户5 810人,占全镇总人口的18.1%。近年来,该镇坚持把脱贫攻坚摆在镇域发展的龙头位置,通过区域联动、整村推进、示范带动,认真抓好"1+1+N"文件的贯彻落实,推进产业转型,完善基础设施,强化整村推进,扶贫工作成效初显。南桥镇下廖万亩油茶基地以南桥镇下廖村为中心,辐射满坑、古坑、珠村、上游等10个村,规划种植面积6万亩。其中,下廖村规划种植面积10 050亩,目前,已在下廖村种植4 250亩约50万株,带动全村10个村民小组374户1 559人种植油茶,其中贫困户72户314人。该油茶基地自建设以来,通过"五统一分""公司托管""公司+基地+贫困户""合作社+贫困户""改造结合"等不同模式,建立起产业发展与贫困户脱贫相得益彰的利益联结机制,较好地解决了贫困户缺胆量、缺技术、缺资金和公司租地难、用工难、管理难等问题。寻乌县所开创的"五统一分"模式,即"统一流转、统一规划、统一整地、统一购苗、统一栽植、分户管理和收益",以政府为主导,村组为单位,成立合作社,将分散的林地集中起来,自身发展动力不足的贫困群众组织起业,基地统建,利益共享。"公司托管"模式,即政府出资回购公司4年树龄以上的高产油茶林,林权登记在县扶贫办,政府再将回购的油茶林委托给公司经营管理,由公司负责基地生产管理,贫困户按面积参与基地收益分成。收益分成采取保底分成和实物分成两种方式,基地挂果前5年(2015—2019年),采取保底分成,公司确保贫困户人均年增收1 500元;2020—2029年基地挂果后,按基地鲜果平均产量3∶7(贫困户3,公司7)实物分成,由公司按当年市场收购价折算成现金支付给县扶贫办,由扶贫办分配给贫困户。同时,公司优先安排当地贫困群众在基地就业。"公司+基地+贫困户"模式,即贫困户与公司签订油茶管护合同,油茶林未挂果期,农户得管护费,进入丰产期按产果量2∶8分成,即农户2成，公司8成，公司负责基地资金投入，贫困户负责管护，公司每月按进度支付管护费。

　　油茶产业前景可观，但因其前期投入大、见效慢，山区群众有心无力。当地政府部门出台一系列优惠政策：实行项目扶持、财政奖补、银行贷款、扶贫贴息、产业扶贫。对贫困户当年新种植油茶按300元/亩的标准补助，低产油茶改造按200元/亩的标准补助。2016年全县通过低产油茶林改造惠及贫困户715户，面积6 976.1亩，补助资金139.522万元，户均增收1 951元。县政府专门出台了以奖代补政策，整合涉农资金3 000万元，对连片100亩以上扶贫基地的水、电、路等配套基础设施建设实行以奖代补。设立了"产业扶贫项目贷款风险补偿金"，单户贫困户贷款总额5万元，贷款享受5年还款宽限期，还款宽限期内只需支付贷款利息（由县财政给予5年全额贴息，一季度贴息一次，先缴后补），从第6年起分期还本还息，至第15年内还清贷款本息。对龙头企业、种植大户吸纳贫困户就业占用工总人数30%以上的，纳入产业扶贫贷款风险补偿范围。加强与金融部门合作，开展林权抵押贷款，2015—2016年农业银行发放"金穗油茶贷"1.16亿元。

　　目前，赣南油茶林面积已达256万亩。其中，高标准、规模化、集约化高产油茶林基地91万亩，改造低产油茶林48万亩，老油茶林165万亩。在新造高产油茶林中，连片1 000亩以上的基地89个，连片5 000至1万亩的基地9个，连片1万亩以上的基地5个。现有规模以上油茶加工龙头企业12家，年产油茶1.5万吨以上，油茶产业总值达到48亿元，涌现了"齐云山""百丈泉茶油""山村茶油"等赣南茶油品牌。油茶加工能力不断提高，企业通过现代化工艺技术，生产加工出保留赣南原产地特色风味和不含反式脂肪酸的赣南茶油，销售范围遍及国内主要大中城市和港澳台地区。通过多年发展，油茶产业已经成为当地贫困户脱贫致富的支柱产业之一。据统计，近几年赣州市累计近3万户贫困户、13.5万名贫困农民参与油茶产业发展，人均年增收800多元。

4 结论与展望

4.1 油茶产业发展存在的问题

在赣州当地的油茶产业发展中，还存在着一些问题。首先是目前油茶产业的比较效益不高，吸引力不大。营造油茶林收益周期长，与脐橙相比，经济效益方面没有优势，比较效益不高，吸引力不大，林农积极性不高。种植油茶到油茶高产需要一定的时间、年龄来达到油茶树的高产期，前期的投入相对来说较大，对于贫困家庭来说有一定的压力。

科研支撑仍然不足。目前来说，油茶果基本上是靠人工采摘的，然后手工挑拣、剥壳、晒干等，如此效率低，质量也很难保证。人工采摘和挑拣将无法满足规模化生产需要。在油茶加工环节，大多企业仍采用传统的压榨技术，油茶综合加工利用率低，对油茶也缺乏更深的开发利用。油茶产业链不长，油茶产业附属第二第三产品不多，加工技术有待进一步探索研发，产业链不长影响油茶产业经济效益。

林权问题，当地的林权分散制约着油茶规模化经营。集体林权制度改革后，集体山林80%分到农户，户均山林总面积20多亩分散在3~5个块，林地林权分散。尤其是在国家级贫困县，山区农民生活贫困，相当一部分农民无资金自己造林，流转他人又担心失去土地，出现了宁愿抛荒不愿失地的现象，而公司或大户想要造林又受到土地流转制约，林权流转困难。

4.2 油茶产业发展应对策略和展望

首先政府部门应加强宏观指导和引导，科学规划油茶产业发展。油茶产业链条长，涉及的部门和行业多，政策性强，关系到农民的切身利益，必须加强对油茶产业发展的宏观指导和引导，理顺管理体制，搞好部门协作与配合。

注重油茶良种的使用，实行统一的良种规划和监督管理。抓紧低产林改造，加快良种选育和推广力度，对现有油茶林抚育垦复进行分类指导，采取抚育管理、补植改造或更新重造等措施，提高油茶的产量和效益。要认真抓好优良乡土油茶品种的选育工作，通过科学手段，筛选出最适宜当地土壤、气候等自然条件发展的油茶优良品种，作为油茶产业发展的主推良种。同时，切实加强优良品种的引进试验工作，在近似气候区更广范围内引进良种，在此基础上筛选出适宜在当地推广应用的优良品种。

提高加工利用技术水平，开发多样化油茶产品。除少数具有一定规模、生产工艺与技术水平较高的企业以外，大多数企业的油茶及其副产品加工方法和技术还很落后。原始的加工方法使得油茶利用价值大为降低，应把油茶的综合利用和加工作为振兴油茶产业的重要举措来抓。近年来我国产品质量控制技术应用取得了明显的效果，可引导一些较大规模的加工企业与相关科研院所建立紧密合作关系，开展高品质油茶生产质量控制、标准制定与精深加工技术研究。同时，油茶产品的多样化是拉长油茶产业链条和增强产业可持续发展的重要途径，可根据市场的变化，依靠高科技，积极进行油茶产品创新，开发出具有能够引领市场需求的新产品。

建立健全技术服务体系，提高油茶生产科技含量。组建成立国家级油茶研究开发推广中心，支持各地成立油茶产业发展协作组织，加强企业与科研机构之间的合作，共同攻关、深入开发，形成科技创新、技术服务、产业开发有机联系的产学研紧密合作的体系。加强科技示范、技术集成配套和推广应用，通过采用优良高产油茶新品种和系列配套技术，使示范基地实现规模化、良种化种植，达到优质、高产目的，让农民看到优良品种和技术带来的实际利益，积极投身油茶发展。

5 参考文献

[1]庄瑞林.中国油茶[M].2版.北京：中国林业出版社，2008.

[2]南桥镇下廖万亩油茶基地简介,2017年6月.

[3]冯纪福.我国油茶产业发展的主要模式及模式选择要素研究[J].林产工业,2010,37(1): 58-61.

[4]赣州市油茶产业发展情况汇报,2017年5月12日.

[5]赣州市林业产业扶贫综合汇报材料,2017年7月10日.

[6]黄敦元,叶素琼,张孝金,等.赣南地区几种不同油茶种植发展模式的探

索[J]. 江西林业科技, 2010(1): 42-44.

[7] 姚小华, 王开良, 罗细芳, 等. 我国油茶产业化现状及发展思路[J]. 林业科技开发, 2005, 19(1): 3-6.

[8] 陈永忠, 王德斌, 王波. 油茶综合利用浅析[J]. 湖南林业科技, 1997, 24(4): 15-19.

[9] 李远发, 胡灵, 王凌晖. 油茶资源研究利用现状及其展望[J]. 广西农业科学, 2009, 40(4): 450-454.

赣南地区果业林业发展调查报告
——以江西省赣州市部分县为例

张国栋
北京理工大学生命学院,北京 100081

摘　要：独特的地理环境与气候条件造就了赣州地区果业与林业得天独厚的发展条件,且取得了一系列成果。尤其以赣南脐橙为代表,已成为江西省赣州市特产,中国国家地理标志产品。但是随着2012—2014年期间黄龙病的大规模爆发,柑橘的种植受到了极大的影响,并且由于黄龙病的特性,赣州地区果业及林业的发展遇到了很大的挫折。本文对赣州地区果业及林业的发展历史、现状等做了调研,采用实地走访与网上搜索资料相结合的方式,初步了解了其概况,并对其发展作出了一些建议与意见。

关键词：赣州　果业　林业　发展

1 赣州地区果业发展调查报告

1.1 前言

1.1.1 引言

赣州地区果业的发展主要以脐橙产业为主,而此次的调查走访也是以了解脐橙产业的发展状况为主,因此,此报告围绕脐橙产业的发展而展开。

1.1.2 地理及历史背景

地形上,赣州市位于赣江上游,江西南部。地处北纬24°29′~27°09′,东经113°54′~116°38′之间。赣州市是丘陵山区,有山地面积4 560万亩,地处中亚热带南缘，具有种植脐橙的山地资源。据1980年中国科学院南方山区综合考察队遥感航测，全市适宜脐橙种植区域450万亩，其中最优区200万亩，另外还有200万亩高排田。气候上，赣州属典型的亚热带湿润季风气候，春早、夏长、秋短、冬暖，四季分明，雨量充沛，光照充足，无霜期长，9~11月昼夜温差大，雨热同季，极利脐橙栽植。春季多雨，温暖湿润，有利果树生长开花结果；秋冬晴朗、干燥少雨，昼夜温差大，极利脐橙果实糖分积累，具有脐橙种植的气候条件。土壤上，赣州的山地以第四纪红壤为主，兼有少量紫色土和山地黄壤，土层深厚，稍加改造就可以建成高标准的脐橙果园。红壤土具有土层深厚、土质偏酸、有机质含量较低的特点，适合脐橙生长。大量的浅丘坡地，为赣州发展规模化鲜食脐橙基地提供了条件。赣州地区地形为千枚岩风化母质红壤土，土层深厚达1米深，疏松透气，土中更含多种微量稀土元素（稀土对果实色素的形成，提高糖分、维生素C和香气的含量，提高脆爽度和耐贮藏性等方面，起到了其他矿物质营养元素不能代替的作用）。

历史上，1 500多年前，南北朝刘敬业在《异苑》中记载："南康有奚石山，有柑、橘、橙、柚。"南康就是今天赣州一带。至北宋年间，柑、橘、橙、柚等果树已经蔚然成林。在清朝年间，赣南脐橙是下方官员进贡给朝廷的水果之一，深得雍正帝喜食。发展至今，赣南脐橙已成为赣州市特产，中国国家地理标志产品。

1.2 研究方法

此次调查以实地走访以及相关部门的采访为主，并利用互联网资源搜集了大量信息。在宏观上，基于PEST分析模型对经济环境进行了分析。微观上，对某些企业及乡村进行了包括经济，技术等方面的分析。

1.3 发展现状

1.3.1 整体概况

就整个赣州而言，自2000年之后，赣州市大力发展柑橘产业，在所有的果业种植面积中，仅柑橘就达到90%以上，因此，赣州市的果业发展是围绕柑橘产业为核心，带动其他的小型果品如百香果、猕猴桃、柿子等的发展模式。2016年，赣南脐橙成为国内柑橘产业第一品牌，品牌价值达668.11亿元人民币。赣州市脐橙种植面积世界第一，年产量世界第三，并已成为全国最大的脐橙主产区。赣州市脐橙主产区主要集中在信丰、寻乌、安远、会昌、宁都、于都。2000—2013年是柑橘种植面积扩张的高速期，柑橘种植面积由30万亩增至183万亩。2013年一年，柑橘总产量达150万吨，实现产业产值80亿元，其中鲜果收入40亿元。帮助25万种植户、70万果农增收致富，带动了近100万人就业。果农人均脐橙收入5 800元，占果农人均收入的80%，脐橙收入占全市农民人均纯收入的12%。在2013年，黄龙病开始大爆发，大量的果树感染黄龙病。据官方统计，在2012—2014年间，病树率最高达19.7%。面对已感染的病树，世界上唯一的防治措施就是砍掉患病株。到2017年，柑橘种植面积缩减到155万亩，病树率控制到了7%左右，种植面积及产量仍居全国首位。

图1为赣南脐橙果业面积和增长率对比分析图。

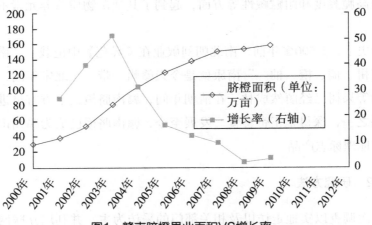

图1 赣南脐橙果业面积VS增长率

1.3.2 以所走访各点为例

1.3.2.1 瑞金市会昌县石门村

石门村位于瑞金市会昌县，拥有果园面积900余亩，其中，脐橙种植面积200~300亩，其余则为吉柚、西瓜、莲等。由于地势较为平坦，每亩种植50~60株，所以每株脐橙树的产量受病虫害影响较大，一般在100~300斤。在2013年黄龙病大爆发之前，每株产量可达200斤以上，而受黄龙病影响，2013年之后的产量维持在150斤左右。脐橙的价格受产量、市场等因素的调节，波动较为剧烈，在2016—2017年左右，收购价格大概为3元/斤。石门村脐橙果实主要的销路为公司前来收购以及自行贩卖，未涉及果实的深加工及处理。每亩脐橙园的幼苗购买、打药、人员管理成本约合3 000元。据计算，石门村脐橙种植每年能够带来500万元的收入，但是所能够带来的就业机会非常少，大部分青壮年仍选择外出务工来维持稳定收入。

1.3.2.2 寻乌县南桥镇古坑村

南桥镇古坑村，属客家文化。古坑村整体的收入源自外出务工，辅以果园经营、林业开发、养殖业、家庭副业。2013年之前，古坑村共有3 000余亩果园用来种植脐橙，每年能够带来的经济效益非常可观。2013年之后，由于黄龙病的爆发，整个古坑村放弃了脐橙这一产业，取而代之的是种植百香果、无花果等，但是种植面积很少，绝大部分果园用来栽种油茶。为了解决农产品的销路问题，古坑村采用了"农村书屋+电商"的模式，这一模式很大程度上解决了农产品的销路，并且增加了农民休闲娱乐的多样性。

1.3.2.3 寻乌县金皇国公司

金皇国（江西）农业科技有限公司是利家安国际投资集团有限公司与香港金皇国农业科技有限公司于江西省寻乌县共同投资成立的全资公司，注册时间为2002年9月。公司以种植、加工、销售素有"果品之王"的优质脐橙为主。截至2017年，该公司已有60万亩脐橙园，其中有25万亩种植脐橙，患病情况较轻，其余患病严重，均已砍掉，等待复产。为了防治黄龙病，公司投入了大量的资本，采用纱网罩住果树，但纱网造价较高，50孔纱网每平方米约合40元人民币。此外，山顶戴帽、山腰种隔离带、山底种草的模式也被采用用以防治黄龙病。

1.4 总结概述

赣州地区脐橙产业的发展可谓一波三折，从刚开始的起步，到迅速扩张，再到2013年黄龙病的巨大打击，让整个赣州脐橙市场跌至低谷。再到如今，整个赣州地区的脐橙产业逐步恢复。

从脐橙产业的种植模式上来看，赣州地区存在着集中种植与散户并存的现状，并且散户种植占有相当一部分的比例。在集中种植中，也存在着多种模式，一是如原先的古坑村，采用村里集中种植，合作社的模式；二是像金皇国公司，承包大量土地，雇佣工人的模式。

销售模式上，散户种植大多会有脐橙加工处理公司前来收购。此外，自行贩卖与以电商形式售卖也占有一定的比例；而大规模集中种植则会由公司统一采摘，批发零售，或者进行深加工，进而制作成多种脐橙制品。

防治黄龙病对整个赣州地区乃至全国，都是一个重点难点问题，而赣州市也有了一套相对完善的应对措施。首先，从源头上解决问题，加强对脐橙苗木市场的管理，由江西省多个定点育苗基地进行育苗，打击一切私自培育、贩售幼苗的行为，并且政府采取对指定苗木品种进行补贴的方式来促进农民购买安全无毒的幼苗，以此来确保"无病苗"。在种植管理上，实行统一防治，即统一时间、统一药剂进行防治；发现患病株，立即砍掉。在果树四次发芽的时间进行喷药，并且实行建设生态果园，即建立隔离带、山顶戴帽、山底种草。在防治知识普及上，政府每年都会举行多次讲座，来传授正确科学防治黄龙病的方法，并且派遣科技特派员，走进田地来帮助农民普及知识，并发放知识手册。

1.5 问题分析及建议

1.5.1 脐橙种植集中度低，集约化程度低，不利于产业发展

通过调查可以发现脐橙种植仍存在相当一部分的占比，这些个体种植规模小，数量却很多，导致很多问题的产生。一是小规模经营会出现大量的林地浪费。二是分布不集中，难以进行统一的管理，导致产业化程度很低。三是不利于黄龙病的防治。黄龙病需统一时间、统一药剂进行防范。一旦出现病情，农民往往会舍不得砍掉，导致病情加重。

因此，当地政府应加强脐橙种植的规模化，提倡点连成线、线带成面的种植模式，大力发展集约化经营，从而利于统一管理以及产业化的提高。

1.5.2 没有稳定的风险保障机制

果农和经营公司、政府间没有稳定的相关关系，即没有稳定的保障措施。当产业受到自然或者市场的冲击，往往会一击而垮。果农、公司与政府都会受到损失，首当其冲的就是小型资本主体。而现在政府只在幼苗购买、砍树补贴上有一些优惠，当果农的利益得不到保障，产业的发展就无从谈起了。

因此，建立有效的利益共享、风险共担的运行机制能最大限度地保障这些果农的利益，同时也会加强整个脐橙产业的抗风险能力。

1.5.3 产业化程度低

由调查数据所得，2013年赣南脐橙经过产后处理，包括清洗、防腐、分

级打蜡、包装等处理后进入市场的果品不到15%，且大多由外地客商采购后实施产后处理增值。近年来比例虽有发展，但并无太大的突破。绝大部分脐橙以果实的形式贩卖，因此，产品的附加值较低，利润空间也随之降低。

图2是农夫山泉与当地脐橙产业建立的良好合作关系的示范。

农夫山泉攻克脐橙榨汁难题 助力赣南脐橙产业升级
2016-12-10 10:34:00 来源：央广网

央广网北京12月10日消息（记者陈玺宇）进入十二月，又到了赣南脐橙丰收的季节。与以往不同的是，一家以矿泉水起家的企业来到江西省信丰县，开始了自己的橙汁之旅。

在位于信丰县的工厂，农夫山泉举行了17.5°橙新闻发布会。农夫山泉董事长钟睒睒表示："NFC果汁符合国内消费升级的趋势，未来会有更大的市场空间。"

NFC果汁即非浓缩还原果汁，在欧洲发达国家，它是果汁市场的主流。2014年，农夫山泉推出了名为17.5°橙的鲜橙产品；2015年，农夫山泉又推出了脐橙汁NFC产品。而在此之前，脐橙榨汁是全世界农产品加工行业公认的未解难题，已经困扰业界50多年。农夫山泉依靠十年科研攻关，解决了这一难题。

如今，常温NFC果汁产品问世。农夫山泉将无菌灌装技术引入橙汁生产，极大地降低了生产成本，拓展了市场空间。

而另一方面，农夫山泉又为赣南脐橙产业创造了新价值，增加了农民的收入。值得一提的是，农夫山泉在这里创立了新型的农商关系，即企业系统化管理之下的个人合作制。

农夫山泉将自有果园承包给当地果农，并和优质的当地果园合作，进行统一的管理，按质按量进行收购。收购价格随行就市，真正提升了果农们的收入。

农夫山泉相关负责人介绍："脐橙榨汁难题解决后，赣南脐橙的全产业链就打通了。这将极大改变果农过去靠天吃饭、增产不增收的困境，很好地平衡农产品的价格波动，为农民带去实实在在的利益。"

编辑：昌朋淼

图2　农夫山泉与当地产业的良好示范

因此，增加产品及脐橙的附加价值，于各方都是一种利益。

1.5.4 果业发展单一，历史包袱较为严重

赣州地区果业发展以脐橙为中心，其他果业难以形成规模化的种植，由此会带来许多弊端。从生物角度来说，物种的单一必然导致生态系统的脆弱，而黄龙病的大爆发与此不无关系；而且单一的产业必然会导致不稳定的

经济来源，一经冲击，会受到很大的损失。现在的脐橙种植地有很大一部分处于待复产状态，由于赣南脐橙品牌包袱的影响，一些规模化的基地不愿去开拓新的水果品种，这样就导致了园地资源的浪费，同时减少了收入，而反观一些小型的种植，譬如古坑村的发展，2013年之后，古坑村完全放弃了脐橙这一产业，而是去种植油茶来弥补脐橙所带来的损失，取得了很不错的效果。当然也并不是建议放弃脐橙产业，毕竟脐橙对当地乃至整个中国都是相当重要的地理标志性产品。

所以，在脐橙产业复产过程中，一定要注意多元化的发展，不能盲目单一，不要有太多的历史思想包袱，敢于去创新。

1.5.5 管理跟不上

管理队伍不能尽职尽责地完成自己应做的事情，很多应该收到的补贴钱，果农们并没有拿到手，这进一步加剧了政府与民众之间的矛盾。政府应把一些惠民政策落到实处，这样才能促进整个行业的健康发展。

1.5.6 人才引进不足，科技创新有待提高

科技是第一生产力，对于脐橙产业的发展，也是如此。江西乃至中国各地有很多的专门的脐橙研究所，也在做着黄龙病的研究工作。可是就目前的形势，应引进更多的专业人才去指导在田间地头工作的果农，这样才是对目前状况的最佳缓解方式。此外，对脐橙进行后期处理、增加产品附加值也需要大量的科技人才去开发新的方式。

因此，引进农业型、科研型、管理层的人才是急需解决的任务，只有引进了人才，科技创新才会有突破。

2 赣州地区林业发展调查报告

2.1 前言

2.1.1 引言

林业同样是赣州地区重要的产业，因赣州地形以丘陵为主，所以了解林业的发展能更加深入地了解赣州市的发展。

2.1.2 地理历史因素

赣州市位于江西省南部，东接福建，南临广东，西靠湖南，邻近港澳，总面积39 379.64km^2，占江西省总面积的23.6%；属亚热带季风气候区，四季分明，气候温和，雨量充沛；森林覆盖率达76.23%，在全国排列第九，是典型的林业大市。

2.2 研究方法

由于行程安排的原因，此次调查未能实地进行走访，而是采访了赣州市林业局的相关人员，并从中获取了一些数据，其余大部分数据取自网络。在宏观上，基于PEST分析模型对经济环境进行了分析。

2.3 发展概况

2.3.1 整体概况

表1为2011—2014年赣州市林业产业产值构成。

表1 2011—2014年赣州市林业产业产值构成

年份	林业产业产值/万元	第一产业/万元	比重/%	第二产业/万元	比重/%	第三产业/万元	比重/%
2011	2 607 293	1 539 143	59.03	869 421	33.35	198 729	7.62
2012	2 771 216	1 607 578	58.01	963 863	34.78	199 775	7.21
2013	4 433 078	1 829 884	41.28	2 369 426	53.45	233 768	5.27
2014	8 839 450	1 901 495	21.51	6 641 076	75.13	296 879	3.36

依据林业产业统计报表（表1）可知，2011—2014年，赣州市林业产业产值呈逐年上升趋势，从260.73亿元增加到883.95亿元，净增623.22亿元，年均增加155.805亿元，年均增长率达50.23%，远高于国家林业产值的增长速度（国家林业局总工程师封加平在第12届中国林产品交易会上说"2014年全国林业总产值保持了平均20%以上的增长速度"），这表明赣州市林业发展速度高于国家水平，预计到2020年全市林业产业产值将达到1 000亿元。生态环境的保护、林业产值的提升，充分而生动地诠释了"绿水青山就是金山银山"。林业第一、第二、第三产业产值结构由2011年的59.03：33.35：7.62调

整为2014年的21.51∶75.13∶3.36,林业第三产业组成结构变化幅度较大。其中,第一产业比重呈下降趋势,第二产业比重呈急剧上升趋势,第三产业比重变化幅度不大。

表2为2014年赣州市林业产业产值构成。

表2 2014年赣州市林业产业产值构成

产业类别	产业细化	总产值/万元
第一产业	林木育种和育苗	109 509
	造林和更新	62 230
	森林经营的管护	275 351
	木材和竹材采运	141 606
	经济林产品的种植与采集	1 129 566
	花卉及其他观赏植物种植	162 156
	陆生野生动物繁育与利用	4 758
	林业系统非林产业	16 319
	合计	1 901 495
第二产业	木材加工和木、竹、藤、棕、苇制品制造	420 529
	木、竹、藤家具制造	5 559 730
	木、竹、苇浆造纸和纸制品	59 120
	林产化学产品制造	41 906
	木质工艺品和木质文教体育用品制造	14 974
	非木质林产品加工制造业	207 023
	其他	15 769
	林业系统非林产业	322 025
	合计	6 641 076
第三产业	林业生产服务	19 791
	林业旅游与休闲服务	148 654
	林业生态服务	47 135
	林业专业技术服务	14 832
	林业公共管理及其他组织服务	36 776
	林业系统非林产业	29 691
	合计	296 879

从表2可以看出，目前赣州市林业产业产值中第二产业占绝对优势，约占林业产业产值的75.13%。在第二产业中，木、竹、藤家具制造业产值最高，为555.97亿元，约占第二产业的83.72%，占全市林业产业产值的62.90%，表明木、竹、藤家具制造业为赣州市林业产业产值的主要来源，也是赣州林业经济发展的优势所在。第三产业产值最小，为29.69亿元，约占林业产业产值的3.36%，尤其是林业专业技术服务产值最小，为1.48亿元，约占第三产业的5.00%。

2016年2月18日，国家质检总局发布公告正式批准赣南茶油为国家地理标志产品，自公告之日起实施保护。

赣州现建设有高标准、规模化、集约化高产油茶林基地65万亩，改造低产油茶林135万亩；建设规模油茶加工龙头企业9家，年产茶油1.2万吨以上；企业通过现代工艺技术，在工艺温度不超过60℃的条件下，生产加工出具有赣南原产地特色风味的"赣南茶油"，气味清香，甘甜纯正，销售遍及国内主要大中城市和香港特别行政区。

2.3.2 走访所得

由于时间有限，只走访了赣州市油茶办，了解了一些相关的信息。

赣州市林业主要以油茶、竹产业为主，其中油茶产业又占了较大的比重。赣州全市有256万亩油茶，其中，规模化油茶90万亩，另165万亩油茶为散户自营。油茶种植后四五年开始生产，七八年后开始盈利，其主要去向是制作茶油，其他附加产品较少，每亩油茶生产30~50公斤茶油。

2.4 发展问题分析与建议

2.4.1 油茶产业不统一，难以形成具有较高影响力的品牌

赣州市油茶种植以散户为主，因此很难形成规模化的生产。整个行业虽有油茶协会等组织，但并没有统一的较为突出的品牌，各种品牌林立、混乱，不能发挥出赣南油茶的巨大潜力。如果能形成赣南脐橙类似的品牌，提高产业化程度，将会极大地助力产业的发展。

2.4.2 低端油茶亟待改造

赣州市仍有近60万亩油茶为低端油茶，极大地影响了茶油的质量。

2.4.3 提取工艺不一，茶油品质参差不齐

由于赣州散户种植较多，用传统工艺提取茶油不仅效率低，而且出油率

低，质量也会受影响。因此，应大力提倡先进工艺提取茶油，促进茶油整体质量提高。

2.4.4 产品单一，后期处理需提高

目前油茶的主要产品为茶油，其他产品占比很小，应多开发油茶别的用途的产品，提高其价值。油茶种植未能吸引大量劳动力就业，而后期加工既能解决就业，又能提高收入。

3 参考文献

[1] 自然地理，2017年7月20日.

[2] 赣州气候概况，中国天气网江西站，2010-11-03.

[3] 放飞橙色梦想——赣南脐橙产业发展历程巡礼，中国赣州网-赣南日报，2011-12-02.

[4] 胡孙杰，桑子阳，杨武松，等. 五峰县花卉苗木产业发展现状与对策[J]. 湖北林业科技，2015，44(3):69-71.

[5] 赣南茶油正式获批国家地理标志产品，兴国县新闻中心，2016-02-22.

精准扶贫下贫困村的老龄化问题及社会保障现状调研
——以山西省吕梁市方山县为例

童薪宇

北京理工大学生命学院，北京 100081

摘　要：自精准扶贫政策实施以来，精确识别，精确帮扶，精确管理的治贫方式取得了一定效果。随着城市化进程的进一步加深，农村老龄人口比例进一步增加，社会保障成为解决贫困村低收入家庭经济问题的关键。为了了解贫困地区老龄化现状、社保制度及实施情况，在生态科考项目的支持下对山西省吕梁市方山县进行了考察，本文采用抽样走访调查法和文献调研法，将国家发展状况与方山县实际现状进行对比，得出方山县在社会保障制度方面的实施情况以及精准扶贫战略的开展状况，并就方山县未来社会保障的实施提出增加保险类别、细化制度管理、丰富筹资渠道的建议。

关键词：精准扶贫　社会保障　老龄化　农村医保

1 前言

1.1 国家社会保障实施情况

社会保障是国家通过立法，利用社会资源，保证困难公民能够维持生存，保障劳动者在劳动力受限时的基本生活不受影响，同时提高国民生活质量的一项社会安全制度。我国社会保障制度包括养老保险、医疗保险、失业保险、工伤保险和生育保险等。自"十三五"以来，全面建成小康社会成为工作重点，社会保障制度走向全面推广、改革施行的新阶段。根据国家人力资源和社会保障部统计数据显示，2016年年末全国参加基本养老保险人数为88 777万人，比上年年末增加2 943万人。2016年基本养老保险基金收入37 991亿元，比上年增长18%。2016年年末全国参加城镇基本医疗保险人数为74 392万人，比上年年末增加7 810万人。从全国范围内看，各项保险参保人数均稳步上升，保险基金总额和支出增幅明显，完善保险制度、推进全民参保、提高保险覆盖率成为我国社保制度的发展趋势。在贫困地区，社会保障制度是维持特困户等低收入人群基本生活的有力保障。

图1为全国2012—2016年社会保险参保人数。

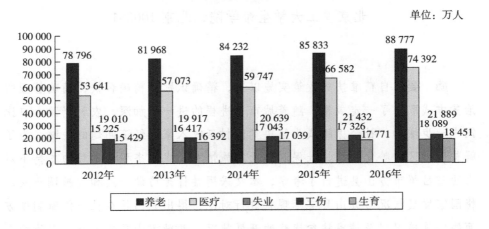

图1　全国2012—2016年社会保险参保人数

1.2　精准扶贫发展现状

精准扶贫最早于2013年11月提出，于2014年1月推动实施，是一种针对不同贫困区域环境、不同贫困农户状况，运用科学有效程序对扶贫对象实施精确识别、精确帮扶、精确管理的治贫方式。精确识别是精准扶贫的前提，通过有效的程序、合理的标准，开展到村到户的贫困状况调查和建档立卡工作。精确帮扶是精准扶贫的关键，坚持"实事求是，因地制宜，分类指导，精准扶贫"的工作方针，到村到户，因户施策，资金到户，干部帮扶。精确管理是精准扶贫的保证，对农户信息、管理操控、扶贫事项进行科学管理。精准扶贫目标是在2020年，确保贫困人口如期脱贫。据国家统计局推算，目前全国农村贫困居民8 249万人，贫困人口基数大、贫困层次分布不均是实施精准扶贫的原因之一。

1.3 全国老龄化现状

据国家统计局数据显示，2015年全国人口137 462万人，乡村人口60 346万人，其中全国65岁以上人口14 386万人，65岁以上人口占比10.47%。2010年第六次人口普查数据显示，全国60岁以上老龄人口占比13.32%，其中山西省内60岁以上老龄人口占比11.53%，均超过国际上对国家或地区进入老龄化社会的划分值，这标志着我国已步入老龄化社会，正面临着人口老龄化带来的诸多挑战和困难。从人口分布区域统计看，乡村老龄人口占乡村人口总数的比例为14.98%，镇、城市分别为12%和11.48%。乡村人口相对偏高的老龄化程度和相对不完善的养老制度和服务配套设施形成了较为鲜明的对比。随着城市化进程的加快和人口的迁移流动，农村人口老龄化速度将进一步增加。在老龄化问题日趋严重的今天，农村面临着更加严峻的养老形势。

2 研究方法

2.1 抽样走访调查法

方山县位于山西省西部，吕梁山西麓腹地，总人口14.5万，其中农业人口11.7万，贫困人口2.43万，全县贫困人口数量多，2016年城乡低保户、五保户数量为24 529人，占全县总人数的16.9%，属于国家扶贫开发重点县。全县以农村居民为主，平均收入水平较低，是精准扶贫项目的重点实施县。为了解基层政府和乡镇的实际老龄化状况和社会保障覆盖情况，在短时间内高效地获取到有效信息，我们采取了抽样走访调查法，选取方山县在地理特征、农村产业发展、扶贫政策等方面有代表性特点的5个村落以及普通村落进行了走访调查。由于方山县农村普通话普及水平较低，农户入户走访难度较大，我们主要采取了与村干部座谈的形式进行基层信息的询问调查，通过大量收集基层群众的真实信息，了解本村扶贫开发的政策和具体情况，实地走访体验扶贫经济发展，收集到了一系列原始资料。同时，为了解方山县社保制度整体规划与实施现状，我们对方山县人力资源与社会保障局进行了走访，得到政府对于方山县养老保险与医疗保险制度的实施办法和部分文件。

2.2 文献调研法

由于方山县大数据系统较为欠缺,我们选择了文献调研法,通过查阅国家统计局的国家统计数据和中国人力资源和社会保障部的统计公报,借助官方数据,了解国家在社会保障制度的发展变迁、覆盖率、参与人数上的总体趋势、规律,以此来和方山县数据进行对比比较,并参考国内关于农村社保和老龄化的有关分析,借鉴参考发达地区的社保制度,以获得当地社会保障制度的发展方向和建议,以及当地老龄化的程度。

3 结果与分析

3.1 方山县走访村落养老扶贫模式概述

在方山县的走访过程中,我们采用上述抽样走访调查法,沿北川河流域依次选取了5个具有扶贫特色的村落,从北到南依次为:杨家沟村、刘家庄村、桥沟村、庙底村、新民村。

3.1.1 杨家沟村

杨家沟村目前处于老村搬迁、新村整合阶段,整个村落以老年人居多,其中大多数为留守老人。村中采取了集中种植、集中养殖的方式,并扩大规模,统一管理。保留原有牧场,村民统一将养殖的牛集中放养到牧场中,由专人看管。这既减轻了村中老年人单独养殖的困难,也为收益提供了保障。村中在政府帮助下新引进苋草种植,统一耕地种植,科学化管理,有望能在1~2年后成为村落的另一笔稳定收入。

3.1.2 刘家庄村

目前村中没有小学,老年人口占多数。村里有大型光伏发电站,由政府和国家电网投资建设,征用村民土地,发电站投入使用后,将对周边各村各县的电力供应产生积极作用,并将光伏发电的所得收益部分返还给村民,一方面作为土地征用的补偿金,另一方面也是光伏扶贫产业的扶贫方式,帮助村中贫困家庭解决经济困难问题。在未来盈利以后,将作为村中集体收入的一部分。

3.1.3 桥沟村

作为方山县脱贫攻坚的典型村，桥沟村探索建立"政府推动，集体主导，农民参与，社会支持，市场运作"的"桥沟模式"，建设集体主导的农民专业合作社，建设温室大棚，达到农户和村集体共同获利的目的。在桥沟村走访中，我们发现，在2014年建档立卡的37户贫困户中，因老致贫、因病致贫和因丧失劳动能力致贫的农户达到20余户，其中因老致贫有12户。大多数贫困户都存在子女外出打工，家中老年人年纪大、劳动能力弱的问题，个别是孤寡老人，还有的需要抚养多个学龄儿童。村中老年人养老保障成为一大亟须解决的问题。在尝试建设新型温室蔬菜大棚、农产品网络销售等新农村发展模式后，成功地探索并应用了独具特色的农民专业合作社。桥沟村已经于2016年成功实现脱贫28户，于2017年上半年脱贫5户。目前桥沟村卫生所正在筹备当中，将为本村和邻近部分村的农村养老人口的医疗保障进行科学化服务。

3.1.4 庙底村、新民村

这两村相邻，均位于北武当山山脚下，属于吕梁学院扶贫对象。在最近一两年内，吕梁学院为村中修建了文化小广场，逢年过节慰问村中贫困户，解决了部分贫困户的实际需求，但是仍然存在老龄人口居多、生活质量有待提高的现象。由于两村扶贫经济起步较晚，由政府新投入的中草药和蔬菜大棚种植，将给该村较高的养老压力带来有效缓解。

3.2 方山县走访调查数据分析

采取座谈式访问，针对养老保障与老龄化问题，对各村村干部进行调查记录，得到表1所示的基本情况数据。

表1 各村基本情况汇总表

内容	总户数/户	总人数/人	空巢老人数/户	低保+五保户/户
杨家沟村	80	230	8	24+8=32
刘家庄村	325	935	—	贫困户：141（2017）
桥沟村	126	303	—	37
庙底村	217	558	80	—
新民村	166	354	79	63+7=70

图2为各村低保、五保户占比扇形图。

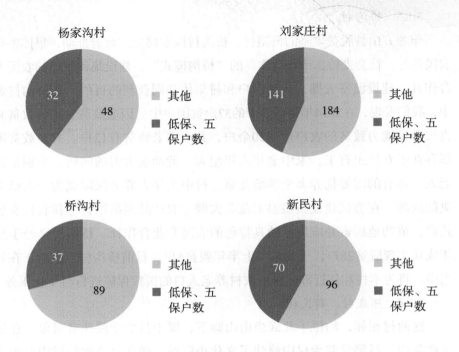

图2 各村低保、五保户占比扇形图

  数据和走访结果均显示方山县村落普遍存在经济水平较低、贫困户较多的现象，在精准扶贫下进行的贫困户建档立卡中，除桥沟村以外，其他4村低保和五保户数均占总户数的40%以上，并存在老人空巢现象明显等贫困村老龄化问题。在贫困户致贫原因调查分析中，家中因老致贫、因病致贫、因主要劳动力不足缺乏主要经济来源的占大多数。解决老年人养老问题，采取与本村实际情况结合的经济支持和补助，是解决贫困问题的关键之一。

  在对国家经济发展与人口老龄化的探讨中，澳大利亚国立大学江诗伦提出按经济发展水平和人口年龄结构将世界各国分为4个类别："先富后老""先富未老""先老后富""未富未老"，其中将老龄人口占比高于7%的国家定义为"老龄化"国家，人均国民总收入高于12 476美元的国家定义为"高收入"国家（2014年世界银行高收入国家分类标准）。其中，"先老后富"国家基本是正在转型中的经济体，中国是典型的"先老后富"国家。通过模型转换与推算，可以发现从"先老后富"国家转变为"先富后老"国家是最为普遍的转型方式，到2014年年底，1990年"先老后富"的国家中约有

31%的国家转型为"先富后老"的国家。解决好老龄化问题与经济发展问题之间的关系，将有利于发展中国家的经济发展。

3.3 方山县养老保险与医疗保险制度调查

为了解方山县政府对于农村居民养老保险与医疗保险的相关制度详情，我们走访了方山县人力资源和社会保障局，了解到关于养老医疗的相关政策及实施情况。

3.3.1 方山县养老保险制度

方山县养老保险制度由吕梁市统一管理，结合方山县实际情况推出，由原有的新型农村社会养老保险和城镇居民社会养老保险两项制度合并实施，建立方山县统一的城乡居民养老保险制度。保持社会统筹与个人账户相结合的制度模式，并继续拓宽个人缴费、集体补助、政府补贴相结合的资金筹集渠道，基础养老金和个人账户养老金相结合的待遇支付模式。

表2为养老金领取标准。

表2 养老金领取标准

基础养老金标准（构成）			个人账户养老金标准
中央财政	省财政	县财政	个人账户积累总额÷139
70元/人/月	10元/人/月	5元/人/月	—

方山县养老保险基础养老金标准为85元，主要由国家财政统一划拨，省、县财政给予部分金额支持，称为"出口补"，城乡居民在满60周岁以后，便可以领取养老金，领取金额由基础养老金和个人账户养老金组成，个人缴费分为12个档次，预缴档次越高，缴纳年份越多，所获得的养老金额越大。政府为连续提前缴纳15年的居民施行财政补贴，称为"人口补"，按照缴费档次的升高，补贴款依次增加，补贴款和个人缴纳费用一并划拨到个人账户中。以2015年预缴年限为标准，不计银行利息，得到如表3所示的待遇领取标准。

表3 方山县城乡居民养老保险分档次缴费补贴标准与待遇领取标准

元

个人缴费档次（每年）	个人缴费总额	财政补贴	财政补贴总额	个人账户积累总额	基础养老金	个人账户	月领取标准	年领取金额	回收个人缴费本金年限
100	1 500	30	450	1 950	85	14.03	99.03	1 188.36	1.3
200	3 000	40	600	3 600	85	25.9	110.9	1 330.8	2.3
300	4 500	50	750	5 250	85	37.77	122.77	1 473.24	3.1
400	6 000	60	900	6 900	85	49.64	134.64	1 615.68	3.8
500	7 500	60	900	8 400	85	60.43	145.43	1 745.16	4.3
600	9 000	60	900	9 900	85	71.22	156.22	1 874.64	4.9
700	10 500	70	1 050	11 550	85	83.09	168.09	2 017.08	5.2
800	12 000	70	1 050	13 050	85	93.88	178.88	2 146.56	5.7
900	13 500	70	1 050	14 550	85	104.67	189.67	2 276.04	5.11
1 000	15 000	80	1 200	16 200	85	116.55	201.55	2 418.6	6.2
1 500	22 500	80	1 200	23 700	85	170.5	255.5	3 066	7.4
2 000	30 000	80	1 200	31 200	85	224.46	309.46	3 713.52	8.1

  由表3可以看出，方山县养老保险制度补贴标准高，政府投入大量资金为城乡居民提供养老补助，有人口补和出口补的形式，参保居民每年仅需缴纳较少金额，便可以在未来获得较大收益。根据城乡养老保险办公室主任介绍，在如此大力度的帮扶下，全县居民呈现出较大的参保热情，政策的全面覆盖，推动了养老体系的建设实施，全县养老保险基本实现全民百分之百参保。

  针对全县贫困人口数量多，低保户、五保户数量大，政府为特殊人群实施大力度补贴，即一级残疾人、二级残疾人、五保户、低保户个人不用缴费，县政府为其代缴当年最低标准100元/人/年，但不享受相应档次的政府补贴。个人有能力缴费的，也可进行申请缴费。

  目前养老保险资金的主要来源依然是个人缴费和政府补助，部分村在经济许可的情况下，为村民集体缴纳养老保险，如桥沟村。在资金筹集方面，并没有出现任何资金漏洞问题，在每年年初由人力资源和社会保险局统一向中央、市政府、县政府提交预算申请，年初资金即可到位。养老保险制度还比较单一，没有引进商业化养老保险。针对困难户或贫困户，即在特殊人群以外的困难群众，还没有其他特殊政策给予补助。

从走访情况可以得出，方山县养老保险制度建设已经相对完善，推广力度较大，在政府、乡镇干部的推动下，达到了百分之百的覆盖率，能够有效帮助方山县老龄人口解决基本生活经济问题，并助力脱贫工作。

3.3.2 方山县医疗保险制度

方山县医疗保险新制度自2016年12月开始整合，由原有的三项医疗体系：职工医保，农村合作医疗，城镇居民医疗保险制度整合完成。新制度由吕梁市统一制定，统一软件管理收费。新制度实施后，能够有效解决原先三制度并行，以及由于政策不同、对象不同、资金调用不统一等造成的一系列实施问题，并能够针对居民，实施统一公平有效的医疗报销条例。唯有制度平等，才能保证制度能够广泛实施。目前医疗保险制度覆盖率能达到95%以上，可有效解决方山县居民看病就医费用问题。

在精准扶贫工作开展下，政府扩大了对建档立卡贫困人口的医疗补偿比例，对贫困人口35种慢性病的补偿比例由60%提升至75%，大病保险再次补偿15%，个人自费10%，封顶线1万元。针对贫困人口提高后的补偿比例增强了医疗保险制度的个性化特点，将促进更多贫困人口加入医疗保险中，缓解因病致贫的现状。

4 结论与展望

4.1 结论

结合上述数据结果及相应的数据分析，对方山县老龄化现状及社会保障制度现状作出以下结论：

（1）方山县老龄化问题突出，村中常住人口中多数为老年人，因老致贫、因病致贫是当地贫困的两大原因，解决当地老年人老有所养、病有所医是扶贫发展的重要问题之一。

（2）开展与村落实际情况相结合的农民专业合作社是方山县扶贫的方式之一，规划种植养殖、集中管理、政府推动产品销售，不仅能有效解决村里劳动力分散且缺乏的问题，也能够将所得收入作为村集体的固定收入之一，并作为集体资金补助贫困户，改善贫困现状。

（3）方山县养老保险制度由吕梁市统一制定，由统一的电脑软件系统智能化管理，根据参保的12个等级前期缴纳不同的保险金额，并实行入口补和出口补的补助措施，有效缓解了老龄人口的养老经济问题。但目前养老保险种类、资金投入方式都较为单一，除五保户、低保户外，暂无针对其他贫困人口的补助方式。

（4）方山县医疗保险制度正处于新老制度交替阶段，旧制度融合，新制度细则尚在制定中。目前医疗保险覆盖率达到95%左右，预计医疗保险覆盖率将进一步提升，医疗保险针对建档立卡的贫困户在金额报销上也会有一定程度的增加。

4.2 发展建议

针对上述分析，结合方山县现状及国内外经验，提出以下改善建议：

4.2.1 方山县老龄化现状改善建议

北大国家发展研究院教授曾毅指出家庭户小型化将对人口老龄化产生影响，报告提到与空巢老人相比，和子女同住或近邻居住的老人认知功能显著改善40%，自评健康良好可能性明显升高32.4%，生活满意的可能性大幅提高54.8%。并且在多代同堂家庭中，子女与老人互动交流，为老人提供更多新鲜讯息，能有效延缓老人记忆力、语言表达能力等方面的功能性衰退。由此可以看出，政府可更多地提供在方山县或当地附近的就业岗位，补助贫困户子女创业就业、促进子女返乡就业，这样不仅能够解决家中因老致贫的问题，也将改善家中老年人生活质量。

4.2.2 方山县社会保障制度发展建议

我国农村养老保险制度普遍存在统筹层次和保障能力较低、碎片化严重、社会共济性较低的问题，这导致我国城乡居民养老保险与城镇职工养老保险相比，存在保障力度上的较大悬殊。我们应借鉴美国养老保险兜底模式，采取三位一体的保障模式，以强制执行的公共养老保险制度作为兜底制度，其主要构成包括老年养老金、遗嘱养老金和伤残养老金三个部分，这种强制执行的养老制度使得美国公民获得了较为牢靠的养老保障。同时美国还兼有私营养老金计划和个人储蓄养老计划，这两个制度为农民自愿参加，以此补充公共养老的不足。

方山县可大力引进商业化养老保险，加强与保险公司的合作项目，推出方便群众的可供个性化选择的保险项目。除此之外，应加强社会资金的引入，一方面通过村集体扶贫项目的资金巩固，作为集体补助给居民，另一方面通过政府引进资金，作为养老保险筹资款项的一部分，进一步增加县政府对养老保险款项的补助。推出有针对性的扶贫措施，如养老保险针对困难户，贫困户可细化扶贫办法，推出更加让百姓受益的项目。

5 参考文献

[1] 叶颖刚. 基于精准扶贫视角下的农村养老保险发展对策研究[J]. 区域金融研究, 2016(3): 48-53.

[2] 刘国恩, 蔡春光, 李林. 中国老人医疗保障与医疗服务需求的实证分析[J]. 经济研究, 2011(3): 95-107.

[3] 王洵, 刘毅强. 人口老龄化是不争的事实吗——老年人口与人口老龄化标准再认识[J]. 理论前沿, 2001(17): 28-29.

[4] 影响中国经济增长的重要因素暨《中国经济增长的新源泉》新书发布会简报之一.

[5] 曾毅.重视家庭户小型化对能源消费和人口老化的影响.

[6] 杨菊华, 陈志光. 老年绝对经济贫困的影响因素: 一个定量和定性分析[J]. 人口研究, 2010, 34(5): 51-67.

[7] 朱俊生. 农村健康保障制度中的主体行为研究[D]. 首都经济贸易大学, 2006.

[8] 沈文娟. 推广完善综合养老模式——精心编制社会救助针对养老的兜底网[J]. 商, 2015(15): 66-66.

[9] 王昶, 王三秀. 积极老龄化理念下老年精准扶贫的困境及应对路径[J]. 探索, 2016(2): 136-142.

[10] 2016年度人力资源和社会保障事业发展统计公报, 中华人民共和国人力资源和社会保障部网站.

[11] 国家数据, 国家统计局网站.

方山县蔬菜大棚产业链调查及其发展对策

王 迪

北京理工大学生命学院，北京 100081

摘 要：本文调查分析了方山县蔬菜大棚产业链发展现状，并对促进方山县蔬菜大棚产业进一步发展提出对策建议。采用半结构式访谈和随机抽样走访的方法，对农户生产种植和市场销售现状以及产业链发展模式进行调查。方山县蔬菜大棚产业发展处于起步状态，农户种植规模较小，有着较大的市场风险；缺少龙头企业，蔬菜的二次加工价值难以被开发出来；蔬菜市场交易人数多，单笔交易小，总交易量大，交易频率高，交易价格低，且农户交易基本以自营自销的形式进行。蔬菜大棚产业在桥沟模式下的发展和完善过程中，建议政府鼓励和扶持蔬菜龙头企业的建设和发展；巩固和完善蔬菜大棚的建设；通过合作社加强农户间的交流和合作。

关键词：蔬菜大棚　产业链　桥沟模式

1 前言

背景：近年来，方山县认真贯彻落实省、市实施蔬菜建设的战略部署，按照因地制宜、科学规划、规模连片、园区发展的总体思路，切实加强组织领导，制定优惠政策，加大扶持力度，全力推动实施蔬菜建设步伐。在建设中，方山县聘请山西农科院等科研院所专家对全县蔬菜产业制定了中长期发展规划。为了能响应方山县的政策，2016年起，方山县峪口镇桥沟村以结构调整为主线，以农民增收为核心，以深化改革为动力，积极推进村集体经济股份合作制改革，壮大村级集体经济，激发基层组织活力，逐步探索出"政府推动，集体主导，农民参与，社会支持，市场运作"的"桥沟模式"，激发起整村脱贫的内生动力。这种发展模式也受到县政府的重视，政府将其完善，并作为参考向全县的蔬菜种植产业进行宣传和推行。其中桥沟模式是指在村集体经济结构布局上，建成"村集体管协会，协会控合作社，合作社带农户"的塔式结构。成立专业合作社，统筹村级特色产业，引导村民入股做大做强集体经济。对内控股绿色蔬菜种养结合、开展电子商务等，不仅解决了村集体不能直接入股合作社的难题，还有利于打出品牌创建。

蔬菜大棚产业链：蔬菜大棚是一种具有出色的保温性能的框架覆膜结构，它的出现使得人们可以吃到反季节蔬菜。一般蔬菜大棚使用竹结构或者钢结构的骨架，上面覆上一层或多层保温塑料膜，这样就形成了一个温室空间。外膜能很好地阻止内部蔬菜生长所产生的二氧化碳的流失，使棚内具有良好的保温效果。

产业链是产业经济学中的一个概念，是各个产业部门之间基于一定的技术经济的关联。产业链是一个包含价值链、企业链、供需链和空间链四个维度的概念。这四个维度在相互对接的均衡过程中形成了产业链，这种"对接机制"是产业链形成的内模式，作为一种客观规律，它像一只"无形之手"调控着产业链的形成。它的本质是用于描述一个具有某种内在联系的企业群结构。它是一个相对宏观的概念，存在两维属性：结构属性和价值属性。产业链形成的动因在于产业价值的实现和创造。产业链是产业价值实现和增值的根本途径。任何产品只有通过最终消费才能实现。否则所有中间产品的生产就不能实现。同时，产业链也体现了产业价值的分割。随着产业链的发展，产业价值由在不同部门间的分割转变为在不同产业链节点上的分割。产业链也是为了创造产业价值最大化，体现"1+1>2"的价值增值效应。这种增值往往来自产业链的乘数效应，产业链中的某一个节点的效益发生变化时，会导致产业链中的其他关联产业相应地发生倍增效应。产业链的优势组合是长期战略联盟的体现,产业链就是特定企业间长期战略联盟的稳定性，其取决于相关企业间价值与利益的平衡，如要使产业链稳定，需取决于三种机制的共同作用，分别是竞争定价机制、利益调节机制以及沟通信任机制。产业链只有不断地适应市场竞争的过程，保持稳定，才能推动市场和产业的发展。

2 调查对象和调查方法

调查对象主要是蔬菜大棚农户和蔬菜的合作社。对农户采用随机走访调查的方法，调查的内容为蔬菜大棚种植种类和周期、劳动投入、生产资料投入、种植技术、销售方式、市场交易方式等。科考队此次主要走访了方山县桥沟村，新民村和庙底村三个村落。对蔬菜合作社的调查是以半结构式访谈进行的，同时走访了当地的村委会。调查的内容主要是村内对于蔬菜大棚的政策帮扶，合作社对于蔬菜大棚建设的指导和帮助，合作社的运作方式以及与其他合作社和收购商的交流合作情况。

由于当地农户的方言问题，交流沟通有一定障碍，所以交流走访取得的结果具有一定的局限性。为了使走访具有真实性和准确性，采用了随机走访的方式，但由于走访的农户有限，所获得的数据并不具有普遍性，与真实的平均现状有一定的偏差。当地农户对一些专业术语以及当地的政策并不是很了解，因此采用半结构式访谈，对蔬菜大棚的现状进行了大概的了解，避开了交流不畅的困难，但一些问题仍无法得到很好的解答。

3 结果和分析

3.1 蔬菜大棚产业发展现状

3.1.1 农户种植生产

通过走访了解到方山县大部分地区的大棚仍是旧大棚，现已有两个村建造了高标准的大棚。新建大棚长70米，宽8米，主要以种植反季节蔬菜来盈利。冬天种植西葫芦，夏天主要种植西红柿和辣椒、茄子等蔬菜。一般种植时间为4到5个月，销售月为1到2个月，一年一般销售约两季蔬菜。西葫芦种子的价格一桶约260元，一个大棚需要三桶左右。其他蔬菜种子每季种植所需的价格为200到300元。大棚内虫害比较严重，主要为白粉虱，在种植西红柿和西葫芦等蔬菜时，此类虫害十分严重，但县里缺少防治西葫芦白粉虱的特效药，在市场买到的药品，只能起到轻微的抑制作用。大棚内有少量杂草，由于除草剂会对蔬菜生长产生影响，所以农户们通常是自己手动除草。肥料通常采用农家肥，并不会出现因长期使用肥料产生的重金属含量超标和土块硬化等情况。大部分地区并没有补贴，因为政策规定至少拥有30个连片发展的大棚才会有补贴。由于方山县的气候问题，夏天的蔬菜种植没有什么限制，但冬天的温度过低，大棚夜间温度只能维持在10℃左右，因此种植的蔬菜种类受到了很大的限制。

3.1.2 合作社

桥沟模式下，桥沟绿色蔬菜专业合作社2016年筹集资金130万元新建了温室大棚11个，其中北京理工大学捐助50万元，土地流转财政补贴30万元，精准扶贫补贴20万元，农民自筹20万元。在专业合作社股权量化中，北京理工大学捐助资金、财政补贴资金和集体"三资"转化为村集体的股权股金，扶贫资金、农民自筹资金以及土地、旧大棚等折价转化为农户的股权股金。经核算，村集体占股70%，农户占股30%。合作社总收入的60%归种棚户所有，剩余40%按照股权分配。此模式每年可为农民增收25万元，带动30人脱贫，实现集体收入6万元，用于改善贫困农民生产生活条件和发展公益事业。

合作社平时的主要工作是为农户提供技术支持和收购以及信息交流的服务，部分合作社由县农业局提供技术人员，对农户进行相关的专业知识指导，帮助他们解决蔬菜种植过程中遇到的虫害和病害问题。每年种植期，技术人员都会前往大棚内考察，检查是否存在问题。而农户们也可以与技术人员交流当年种植规划，讨论其科学性。此外，部分合作社还负责收购和合作的事宜，当其种植规模大且收成好时，就会联系蔬菜批发商前来收购。合作社还提供信息咨询的服务，当有灾害性天气发生时，合作社会提前提醒告知，以防造成不可避免的损失。

3.1.3 蔬菜市场

农户蔬菜的销售一般为自营自销，主要是农户驾车前往县城附近的蔬菜市场，西葫芦的平均价格为5元3斤，一季西葫芦如果不计成本盈利1万~2万元，而西红柿市场平均价格为每斤1元，一季可以盈利约1万元。本地蔬菜市场容易受到外来市场的冲击，主要是河北地区如邯郸等地的蔬菜大棚产出的蔬菜，品质一般不如当地，但价格相对会比当地便宜几角每斤。当地蔬菜收成受种植时天气影响，如果收成不错，会向批发商销售，但价格会低一点，不过销售稳定，不会出现蔬菜过剩损坏的情况。当收成差的时候，会前往县城蔬菜市场零售，但此时价格会比同行低一点，且蔬菜的品质不能受到较好的保证。当村内的蔬菜种植规模大时，会有专门的收购商前来收购，而且收购的价格会比市场的价格高出一些。许多当地的零售蔬菜都有着很好口碑和知名度，因为几十年的蔬菜种植使这些菜农种植经验丰富，而且价格公道，很受欢迎。

3.2 存在的问题

3.2.1 蔬菜大棚建设不够成熟

新建设的高标准蔬菜大棚仍存在许多不足。首先是虫害问题，当地蔬菜生长受白粉虱的虫害影响，县里没有提供有效的解决方案。种植的蔬菜种类相对比较单一，缺少有较高附加价值的种植蔬菜。而且大部分地区并没有高标准大棚，冬天的反季节蔬菜并没有保障。因此，高标准蔬菜大棚的建设还需要普及。除此之外，尽管蔬菜大棚内部环境条件比较稳定，但仍受外界条件的影响，天气还会影响蔬菜的产量。

3.2.2 缺少蔬菜加工企业

龙头企业是联系千家万户小生产与大市场的桥梁和纽带，特别是商品蔬菜的鲜嫩性、易腐性和时效性，决定了它对加工型龙头企业的依赖性。加工型龙头企业的缺乏，致使方山县大量的商品蔬菜运销仍主要依靠营销个体户，当地无法进行蔬菜二次加工，无法开发出蔬菜产品的延伸价值，无法满足蔬菜产业快速发展的需求。龙头企业和蔬菜加工企业的发展壮大，能够产生巨大的经济效益，成为促进农民增收的强劲动力。发展龙头企业，可以有效地延长农业产业链，发展农产品精深加工，增加农业附加值，从而使农业的整体效益得到提高。

3.2.3 市场风险较大

农户蔬菜销售主要是以自营自销的方式，因此市场的竞争力比较大，当地的蔬菜都在本地销售，市场的供应量饱和。除此之外，外地的蔬菜商也会增加当地蔬菜的竞争压力。加上方山县当地经常干旱，气温较高，雨量少，不利于蔬菜的生长，导致蔬菜售卖时的价格较低。此外，蔬菜销售还受到自身品质及销售时天气等的影响，处处充满着不稳定的因素。

4 发展对策

4.1 巩固和完善蔬菜大棚建设

蔬菜大棚的虫害较严重，杀虫剂配合黄板诱杀防治白粉虱可有效提高杀虫剂的防治效果和持效期。在单剂防治试验中，其中1 000倍和2 000倍液处理的最高防效分别为88.06%和87.55%。在杀虫剂配合黄板诱杀试验中，其1 000倍和2 003倍液处理的最高防效分别为93.65%和92.67%，在药后20d的防效仍在80%以上，表现出很好的速效性和特效性，可作为防治白粉虱的有效药剂进行推广使用。大棚防治番茄白粉虱时应根据实际情况，合理、有效地与其他有效农药轮用或者混用，以避免害虫过快产生抗药性。同时应向农户普及先进的种植技术和理念，并结合农户自身多年的种植经验，这将有利于蔬菜的种植。县政府应向农户们提供更加有效的虫害和病害的技术支持，加大高标准大棚的建设力度，推动方山县的蔬菜大棚产业发展。

蔬菜大棚种植蔬菜的种类较为集中，间接地加大了竞争的激烈性，应探索发展，验证其他蔬菜在方山种植的可行性，充分利用新建大棚提供的高标准条件，走出一条新的道路。

4.2 鼓励和扶持蔬菜加工企业

首先，政府需要出台政策吸引投资商。而要建设好蔬菜加工企业，完成农业产业化新的跨越，必须加速科技创新步伐，改造传统落后的生产工艺和生产手段。要在企业运作中广泛引进和推广先进实用技术，现代加工设备、工艺流程和管理方法，采用国际标准，不断提高产品的市场竞争力和企业经济效益。其次，需要把握好市场，对市场进行调研，了解市场的需求，避开蔬菜的旺季，在淡季时出售，这样才能保证销量和价格。此外，和方山县农户制定战略性合作，将市场需求反馈给农户，利用产品原生态和反季节的优势，打造方山县的品牌效应。

4.3 完善蔬菜交易市场

通过法律法规或是对蔬菜市场的管制，完善蔬菜交易市场规则，努力打造一个公平公正的市场，尽量遏制恶性竞争的情况出现。建议市场有关部门建设蔬菜供应和售价的统计数据，并将其提供给蔬菜供应商和零售商，打造一个蔬菜新鲜、实惠、供应充足的市场。

4.4 桥沟模式

当前方山县蔬菜大棚产业化发展过程中存在着基地规模小、销售困难等问题，在一定程度上阻碍了产业的发展。因此，加强生产基地建设对蔬菜产业化发展起着基础性作用。对于基地建设，在运行机制上可以按照"公司+基地+农户"的模式，使基地（农户）与企业建立起稳定的购销关系，形成利益共同体。在服务体系上要健全以家庭经营为基础，以科研单位和蔬菜加工企业为依托，以农民自办服务组织为补充的多种经济成分、多渠道、多形式、多层次的服务体系，从良种研发、种苗提供、技术服务、加工、运销、信息等各方面为基地提供服务。同时结合桥沟模式，发挥合作社的作用，加强农户之间以及农户和企业间的交流，并在农户和企业之间充当桥梁，加强相互间的合作。

4.5 加强蔬菜大棚的资金支持

提高蔬菜产业的竞争力，使山西蔬菜大棚产业更好地发展，政府部门需要转变观念，提高认识，充分利用世界贸易组织规则允许的"绿箱"政策，增加资金投入，加大大棚技术培训和推广力度，提高蔬菜生产和深加工的科技含量，注重市场开拓与营销，建立健全信息和流通体制，创立大棚品牌，增强大棚产业的竞争力。同时，银行等金融机构也应大力支持大棚企业，解决企业资金的瓶颈问题，促进企业扩大生产规模，从而推动大棚产业发展，提高农民收入。

4.6 努力打造方山蔬菜品牌

随着经济的不断发展，传统的经济区域化发展模式已经逐渐不适应经济发展的需求。而市场行为作为市场经济的主体，最主要的特性在于消费者根据商品品牌影响力、知名度以及信誉来对商品进行选购，因此在一定程度上可以说目前市场经济已经逐步进入"品牌时代"。因此，打造方山特有的蔬菜品牌是具有十分重要的战略意义的。方山县可以将全县的蔬菜资源统筹起来，夯实根基，并以方山县为中心对外辐射，进行推广和销售。政府部门可以通过电视、广播或是网络的渠道帮助宣传构建出来的品牌，同时扩大其在当地的影响力和竞争力。

5 参考文献

[1] 吴金明, 邵昶. 产业链形成机制研究[D]. 长沙：中南大学出版社, 2007.

[2] 蒋国俊, 蒋明新. 产业链理论及其稳定机制研究[J]. 重庆大学学报, 2004, 10(1): 36-38.

[3] 赵绕芬, 李国栋, 毛俊波. 泸西县发展大棚蔬菜产业的思考[J]. 长江蔬菜, 2012(4): 69-70.

[4] 陈强, 欧丽萍, 梁永游, 叶靖平. 黄色粘虫板与杀虫剂配合对番茄白粉虱的控制作用研究[J]. 安徽农业科学, 2013, 41(22): 9321-9323.

[5] 刘康华, 赵丹. 新疆生产建设兵团农业产业化龙头企业发展问题研究[J]. 中国农业资源与区划, 2014, 35(3): 134-139.

[6] 冯献, 詹玲, 李宁辉. 我国木薯生物质能产业发展前景及对策建议[C]. 2010年全国低碳农业研讨会, 2010年全国低碳农业研讨会论文集.

[7] 冯献, 詹玲. 广西木薯产业化发展模式实证[J]. 中国农业资源与区划, 2009, 30(4): 70-74.

[8] 崔茂森. 中国农产品品牌发展战略研究——基于山东省农产品品牌发展现状分析[J]. 乡镇经济, 2009, 25(7): 93-97.

[9] 穆俊峰, 穆俊秋. 中国农产品品牌发展现状及其存在问题分析[J]. 吉林农业C版, 2010, (8): 15-16.

浅析方山县刘家庄村光伏发电扶贫项目

张淼鑫

北京理工大学生命学院，北京 100081

摘 要：光伏发电是太阳能光伏发电系统的简称，是当今世界利用太阳能最主要的一种方式。"光伏扶贫"开辟了一条新的扶贫渠道，也打破了国内长久以来"输血式"的扶贫模式，由单一的资金扶贫转向"造血式"的扶贫模式，对推进精准扶贫具有较为重要的意义。本文以方山县刘家庄村光伏发电扶贫项目为实例进行实地的调查研究，讨论"光伏扶贫"项目的优点及发展中的不足。首先，对刘家庄村经济、社会生活、环境等方面的实际情况进行分析；同时对比已有的成功案例，对刘家庄村光伏发电扶贫项目发展提出合理化建议。刘家庄村光伏发电项目将在8年内完成本金的回收，此后可保证给予贫困户每人每年400.9元的贫困补助。方山县刘家庄村光伏发电项目由政府进行投资，解决了贫困村、贫困户资金不足的问题，同时委托公司对电站进行日常管理与维护，解决了技术维护与升级方面的困难。这种以政府投资为主导的扶贫模式更加适合占地面积大的项目的开展，对当地精准扶贫工作有很大的借鉴作用。

关键词：光伏发电 精准扶贫 刘家庄 晋能集团 政府投资

1 前言

太阳能光伏发电是按照光生伏特效应的原理将太阳能转换为电能的一种新方式，其产生出来的电能是当今最为绿色清洁的能源之一。随着太阳能光伏发电利用技术的不断成熟，光伏发电的成本在不断下降，采用太阳能光伏发电将成为我国乃至世界后几年新能源发展的主流，并从一些试点工程迅速向全国人民的日常生活中进行普及，太阳能光伏应用已经成为一种趋势。按照国际能源委员会和欧洲联合研究中心的一致估计，光伏发电在未来能源中占据着重要的地位，到2030年可再生能源将占总能源的30%以上，太阳能光伏发电在世界总电力的供应中将达到10%以上；2040年可再生能源将占总能耗的50%以上，光伏发电将占到20%以上。

同时光伏扶贫是国内首创的精准扶贫、精准脱贫的有效扶贫模式，被国家列为精准扶贫十大工程之一，正在向全国贫困地区推广运用。2016年3月23日国家发改委、国家能源局下发《关于实施光伏发电扶贫工作的意见》（发改能源〔2016〕621号）明确指出：为切实贯彻中央扶贫开发工作会议精神，扎实落实《中共中央、国务院关于打赢脱贫攻坚战的决定》的要求，决定在全国具备光伏建设条件的贫困地区实施光伏扶贫工程，而方山县刘家庄村光伏发电项目就是一个典型的光伏扶贫项目。

2 研究方法

对于刘家庄村光伏扶贫项目，本文采用实地调查研究与以往成功案例对比的研究方法。首先，实地调查刘家庄村的经济、社会生活、环境等方面的实际情况；其次，分析刘家庄村光伏扶贫项目的实行对于当地扶贫方面的影响以及本项目独有模式的优劣之处。最后以江西修水县光伏扶贫项目作为比照，分析刘家庄村光伏扶贫项目的优劣之处。据调查可知，江西修水县与方山县都具有多山地、丘陵的地理特征，并且两地的经济情况也比较接近，但所采取的投资方式截然不同，通过两者对比分析将寻找出刘家庄村光伏扶贫项目的优缺点并提出合理化建议。

3 分析与讨论

3.1 方山县现状介绍

方山县属温带大陆性气候。由于季风作用与各季不同气团的影响程度，春夏秋冬四季分明。春季低温、干旱；夏季短促暖热，雨量集中；秋季凉爽，气候宜人；冬季漫长寒冷、雪少干燥。全年平均气温7.3℃，平均年降水量440至650mm，无霜期由南到北逐步递增，最南端的大武镇达150天以上，最北端的开府一带只有90天左右。年日照时数可达到3 000～3 200小时，平均日照时间可达4.45～5.08小时。2016年，方山县建档立卡贫困户为21 597户57 255人。

据采访可知，方山县将投资5.5亿元建设总装机容量68.15兆瓦的光伏电站。目前，1.2兆瓦村级分布式电站已并网发电。其中，10个100千瓦村级分布式光伏电站每个电站年发电量15万千瓦时左右，按每度电0.98元计算，可收益15万元，覆盖建档立卡贫困户人口1 136户3 537人，到2016年12月月底已经与电力公司结算了30.2万元。另外，圪洞镇袁家甲村13.53兆瓦、大武镇35兆瓦的大型地面光伏电站正在紧锣密鼓地建设，力争在6月月底前并网发电。与此同时，该县因地制宜发展中药材等农业种植产业，形成了农光互补产业链条。

3.2 项目分析

刘家庄村18兆瓦光伏电站是方山县第一个地面集中式电站，总投资1.7亿元，占地729亩，装机容量18兆瓦。电站采取统一规划建设、统一运营维护、统一结算分配的"三统一"模式。刘家庄村光伏扶贫项目由方山县扶贫办主管的方山县扶贫开发投资有限公司进行投资，刘家庄村以租借土地的方式进行规划建设，电站委托山西晋能集团对电站进行日常的管理与维护，年终收益由政府统一分配。刘家庄村光伏扶贫项目采用村级分布式发电方式，系统相互独立，安全性高，非常适合向农村、牧区、山区，发展中的大、中、小城市或商业区的居民供电；系统输配电损耗低，输配电成本低，土建和安装成本低，操作简单。

根据对刘家庄村的实地采访调查得知，刘家庄村现有285户706人，其中贫困户有141户，贫困率达到49.47%。全村人均纯收入2001年为860元，2009年为1 008元。村民经济来源结构单一，以外出打工为主、农业种植为辅。村内小学由于生源不足、师资力量弱等原因目前处于停办状态，村内卫生、教育水平十分低下。村中留守儿童、空巢老人现象十分严重。刘家庄村种植土地面积2 470亩、退耕还林地面积1 439亩、荒山4 780亩、成林2 620亩，村子荒山光照充足、面积大、植被覆盖率较低，不适合农业种植。

刘家庄村年日照时数可达到3 000~3 200小时，平均日照时间可达4.45~5.08小时，年辐射量1 625—1 855每平方米千瓦时。刘家庄村光伏发电项目计划首年利用光照时间可达1 414小时，25年内的年平均利用光照时间为1 301.4小时，25年内年平均发电量将达到2 342.5万千瓦时，同时方山县电力公司将以0.8/度的价格对其发电电量进行回收。据此，可大致计算出刘家庄村光伏扶贫项目收益：

表1　18兆瓦光伏发电系统年发电收益计算表

装机总量/MW	年辐射量/每平方米千瓦时	年均发电量/万千瓦时	年发电收益/万元	占地面积/亩	系统投资造价/亿元	人均贫困补助/元
18	1 625~1 855	2 342.5	2 295.65	729	1.7	400.9

刘家庄村光伏扶贫项目共占据刘家庄土地一百余亩，涉及贫困户40余户，而方山县扶贫开发投资有限公司将给予贫困户每亩地每年542元的用地补偿。同时加上项目给予全县贫困人口每人每年400.9元的贫困补助，可基本上满足刘家庄村贫困人口的基本生活保证。与此同时，刘家庄村光伏扶贫项目采取以工代赈的方式，以120元/天的工资雇用当地闲散人员，增加了当地农民收入。其次，根据政府的规划，刘家庄村光伏扶贫项目将每年向刘家庄的集体经济分红20万元，借以增加当体集体经济来源，以用于村子的公益收支和对村内贫困人口的部分补助。因此，刘家庄村光伏扶贫项目将可在短时间内实现刘家庄村的脱贫。

同时，按照《方山县光伏扶贫资产性收益分配方案》的要求，所有光伏电站收益将用于全县5 806户12 959名贫困人口补助和村集体公益项目开支，而《山西省农村扶贫开发总体规划（2011—2020年）》规定最低脱贫标准为农民年人均纯收入达到2 300元。据上述测算，刘家庄村光伏扶贫项目将在8年内完成本金的回收，此后可保证给予贫困户每年400.9元的贫困补助，从而保证方山县内贫困人口的人均年收入达到规定最低脱贫标准的17%。

方山县刘家庄村光伏扶贫项目由政府进行投资，解决了贫困村、贫困户资金不足的问题，与修水县相比，减少了农民贷款、还款的压力，也降低了因贷款方资金运转不周而导致项目失败的风险。而委托公司对电站进行日常管理与维护，解决了技术维护与升级方面的困难。这种以政府投资为主导的扶贫模式更加适合占地面积大的项目的开展。

但与此同时也存在许多问题，首先会存在政府资金紧张的问题，政府难以投资更多扶贫项目，而这种需要大量资金投入的扶贫项目资金回笼周期长、风险高，这对于贫困县的财政来说负担较重。再者，这种政府进行全额投资的模式对于贫困户而言吸引力不大，不适合一些中小型扶贫项目的开展。并且刘家庄村光伏扶贫项目由于是由政府管理收益并用于全县贫困户，这使得每人每户所得扶贫补助相对较少，也会使部分贫困人口不能实现脱贫。

因此，方山县政府可以加强与银行、公司的合作，开展一些投资需求较小的扶贫项目。在精准扶贫过程中，当地党政部门主导推进是关键。

3.3 对比分析——以江西修水县为例

江西省修水县矿业、林业资源丰富，工业相对落后，目前全县人口城镇化率为44%。修水县2002年被列为国家扶贫开发工作重点县，2011年被列为省定特困片区，是目前九江市唯一一个贫困开发县。截至2015年年底，修水县建档立卡贫困人口105 799人，贫困户家庭年人均纯收入2 968元，贫困发生率为17.84%，有154个行政村被列为省定扶贫开发重点村。而修水县发展光伏扶贫具有以下几方面的优势：

（1）较为适宜的天然环境。修水县年无霜期239~266天，年平均雾日在16天以下，季节分明，气候温和，日照充足，全年日照时间达1 200个小时，不少年份高于摄氏35℃的高温日长达20多天。

（2）当地良好的信用环境。农行修水县支行农户贷款余额2.28亿元，6 000余户，不良额92万元，不良率仅为0.43%，农村生产经营贷款不良、关注均为零，有较好的信用环境，可以"光伏贷"信贷产品主动介入，支持当地农民脱贫致富。

国家对光伏发电项目实行补贴政策，对建成投产并通过验收的光伏发电项目按发电量每度电给予0.2元补贴，补贴期20年，这样安装成本将大为降低。光伏安装系前期一次性投入，后续持续收益的扶贫方式。据分布式光伏发电设备目前的技术，安装5.5千瓦的光伏设备，年发电量可达到7 000~8 000度，按1.02元/度（含上网电价0.4元/度、国家补贴0.42元/度加省政府补贴0.2

元/度）全部并网销售，年可获销售收入7 140~8 160元。如贷款3万元，按收入的80%归还贷款，每年归还5 700元，6~7年即可还清贷款。

修水县的分布式光伏发电站布局，所采取的是工商企业厂房屋顶光伏发电系统和民居屋顶光伏发电系统，所采取的投资方式为"光伏贷"，即由政府牵头，农业银行对相关的贫困户进行贷款。这种模式将可以大幅度地减少政府的财政负担，同时也可吸引部分感兴趣的贫困户和贫困村进行贷款。但同时也会加重贫困户和贫困村的经济负担，而且不太适合规模较大的扶贫项目的开展。

4 建议与展望

对于精准扶贫而言，政府部门主导推进是关键。在发展光伏扶贫项目的过程中要借势政府主导作用，凝聚财政、扶贫等各方合力，不断加大对地方经济发展的融合与渗透，让责任更到位、政策更实在、措施更给力。就方山县刘家庄村光伏扶贫项目而言，要加强与银行方面的合作，同时鼓励更多企业加入光伏发电项目的投资管理中去。因此，笔者有以下建议：

首先，要加强并明确"政银企"合作关系。由政府确定光伏发电扶贫项目牵头部门，对光伏发电扶贫进行统一规划、分配计划、落实风险补偿机制，与银行、企业签订合作协议，落实各相关部门具体实施。同时推荐安装光伏发电系统农户名单。由扶贫部门进行宣传，本着自愿原则，组织安排贫困人员进行报名，经过审核和公示后，确定需安装光伏发电设备人员名单，再由政府推荐给银行，给予一定贷款支持。然后政府组织专家组深入调查，以技术成本、公司规模、资金实力等为要素，制定光伏发电企业统一准入标准，进行公开招标，在缴纳一定的保证金后，允许有实力的公司进行光伏开发，并对后续维护保养等做出规定。

再者，引入政府增信机制。根据光伏分布式发电站建设特点，对采取"财政风险补偿金+贷款对象+收益还贷"担保方式的项目发放贷款。政府通过光伏发电扶贫项目统一组织建设，光伏发电设备所需资金投入由政府统筹一部分，不足部分由银行贷款帮扶。由政府财政出资建立风险补偿基金，在银行开立基金账户，农行按担保比例发放贷款。

方山县刘家庄村光伏扶贫项目,实行以政府投资为主导的光伏扶贫模式,既解决了贫困村、贫困户资金不足的问题,同时通过委托公司对电站进行日常管理与维护,也解决了技术维护与升级方面的困难。未来通过加强政府、银行和公司三者之间的联系,在解决其存在的一些突出问题后,可以预见未来光伏扶贫将在日照丰富但环境、交通条件不发达地区开展扶贫工作中扮演重要角色。

5 参考文献

[1] 黄日发. 光伏精准扶贫脱贫经济效益分析[J]. 中国乡镇企业会计, 2016(12): 14.

[2] 惠爱宏. 方山县2016年脱贫攻坚工作纪实[N]. 吕梁日报, 2017-01-24.

[3] 段晔, 冷奇珍. 以"光伏贷"推进精准扶贫的探索——以农行江西修水县支行为例[J]. 中国经贸, 2016(16).

以延安市苹果产业的发展看当地农业的转型升级

关尚京

北京理工大学生命学院，北京 100081

摘　要：随着传统农业向现代农业转型升级进程的不断推进，延安市苹果产业的发展取得了重大成就，种植面积、产量和创收等基本数据得到了稳步提升，科技创新能力明显提高，品牌带动力也显著增强。尽管取得了这些成就，当地苹果产业的发展也存在着一些问题。为了更好地了解产业状况及发展计划实施情况，在生态科考项目的支持下对延安市进行了考察，本文采用实地走访座谈调研法和文献调研法，将国家发展状况与延安市实际现状进行对比，讨论产业发展过程中需要密切关注和改善的重点，得出其在苹果产业方面的发展情况以及精准扶贫战略的开展状况，并就延安市未来精准扶贫的实施提出合理建议。

关键词：延安　苹果产业　农业　转型升级

1 前言

延安地处黄河中游，黄土高原中南部，地形起伏较大，平均海拔在1 200米左右，属暖温带半湿润易干旱气候。延安市降雨相对集中于6~8月份的夏季，季降水量达312.3毫米，占年降水量的57%，有时伴有冰雹。延安市由于海拔较高，日照时间相对较长，日照百分率可达55%，而且昼夜温差较大，有助于苹果等果类糖分的积累。

由于山地等因素的影响，延安市不同县区的气候特点也呈现出差异。以延安北部八个县区为例，在适合苹果生长的年平均气温、年降水量和年极端最低气温等七项气候指标中，只有宝塔区全部满足，其他县区存在部分指标未达标，对苹果产业的发展有限制性作用。

1.1 取得的成就

2011年，延安市经国务院批准建设现代农业示范园区。2013年，国家发改委颁布实施《陕甘宁革命老区振兴规划》。2015年，习近平总书记在延安调研时强调：要提高生产标准化水平和科技含量，延长产业链条，推动果业发展迈上新台阶，实现"果业强、果农富、果乡美"的果业梦。由此观之，延安地区苹果产业的发展正面临着良好的机遇。

1.2 苹果基本概况

2010年年底，延安市水果种植面积达308.80万亩，其中苹果种植面积为282.75万亩，占整体的91.56%；全市水果产量为227.60万吨，其中苹果产量为221.52万吨，占水果总产量的97.33%；由苹果所创造的产值达53.88亿元，占延安市水果总收益的94.56%。据此可以知道，延安地区苹果产业已然是当地果业的支柱型产业。

截至2015年年底，即"十二五"末，延安市水果种植面积已达367.58万亩，其中苹果种植面积为345.69万亩，占整体的94.04%，相比较2010年年底苹果种植面积增幅达22.25%；2015年年底，全市水果产量为279.82万吨，其中苹果产量达273.46万吨，占整体的97.73%，相比较2010年年底苹果产量增幅达23.44%；2015年年底，由苹果所创造的收益达86.25亿元，占延安市水果总产值的96.36%，农民人均苹果纯收入达到3 780元，占农民人均纯收入的35.08%。

1.3 果园建设

果园建设方面，截至2015年年底，延安市13个县区全部建设成为省级优质苹果生产基地县，数量全省第一。建设中省市苹果示范园数量达403个，建设面积达13万亩，市级标准化示范区达50万亩。在已建设完成的13个省级优质苹果生产基地县中，洛川县是全国唯一绿色基地示范县，富县是全国唯一良好农业示范县。

1.4 品牌建设

品牌建设方面，延安"洛川苹果"品牌获得中国驰名商标。2015年年底，"洛川苹果"品牌评估价值已达55.73亿元，荣获全国苹果品牌第二，成为全国最具影响力的区域公用苹果品牌之一。政府还颁布实施了16个"洛川苹果"技术规范，使得延安市苹果品牌建设走上了正规化道路。

1.5 产业建设

产业链延伸方面，截至2015年年底，延安市引进外资建设果汁加工企业3家，年加工能力达10万吨；建成果醋、果干深加工企业6家，年加工能力达1.43万吨；培育和建成市级以上果品龙头企业51个，建成延安"洛川苹果"直销窗口138个，并成立了"洛川苹果"电子商务协会。外资的引进既缓解了延安市苹果产业在发展过程中所遇到的资金短缺问题，又在一定程度上对苹果产业起到了宣传的作用，而电子信息服务平台的建设在为当地带来先进技术和新的商机的同时，也为延安与世界进行交流搭建了一座桥梁。

2 存在的问题

2.1 土壤肥力和水资源匮乏

国家无公害苹果技术规程要求，果园土壤有机质含量应该在1.5%以上，丰产稳产的果园土壤有机质含量应在2.0%以上。但查阅到的数据显示，2011年，延安安塞区果园土壤有机质含量在0.9%左右，不足1.0%，尚未达到国家标准要求。2016年洛川苹果园土壤pH值大于7.5的果园占94.0%；土壤有机质含量处于较低或很低水平的果园占67.19%；土壤全氮、全磷、速效氮、速效磷含量处于较低或很低水平的果园分别占68.6%、86.3%、81.4%和67.1%；土壤速效铁、速效锰、速效锌和有效硼处于缺乏水平以下的果园分别占23.5%、11.8%、17.7%和64.7%。

根据以上这些数据可以得知，延安市果园土壤肥力整体处于较低水平。延安地处黄河中游，地域内有包括黄河在内的6条河流流经，但是由于气候影响，河流时常处于断流状态，而且土壤结构较为疏松，土壤保水能力较弱，所以造成苹果生长所需水分供应不足。土壤肥力和水资源是制约苹果质量提高的主要因素，也是制约延安市苹果产业发展的基础条件。

2.2 基础设施建设有待进一步完善

由于独特的地理环境影响，延安市大多数的苹果园都建在山上，以北部山地苹果园最为突出。由于施工难度大等原因，通向苹果园的道路较为狭窄，而狭窄的道路使得将苹果运往山下的效率较低，作业强度大。苹果园的机械化水平也较低，大部分工作还是以人力为主，而且由于气候条件等的影响，延安地区冰雹、霜冻等自然灾害频发，加大了防灾强度。

2.3 经营方式以个体经营为主，缺乏竞争性和主动性

由于缺乏集约化经营管理体制的引导，延安市部分苹果园的经营主体还是以个体为单位。以延安市安塞区柳林镇孔家沟村为例，该村实行分包制，将大片的果园分包给个人，无论是种植、收获还是联系买家，都是以个人为单位。而个人由于缺乏专业的种植管理和市场营销经验，在庞大的市场中往往处于劣势，缺乏竞争性。而且个体很少注重品牌建设，宣传途径主要是人们之间的口耳相传，在市场中缺乏宣传和推广的主动性。

2.4 产业链较短

2015年，延安市苹果总产量达273.46万吨，占水果总产量的97.73%；2016年，全市苹果产量达303万吨，相比较2015年增长率达10.8%，但是其中大部分苹果都以直销的形式进入市场，由果园到市场的过程中缺少精加工和深加工环节；只有少部分苹果作为原料进行果汁、果醋和果干等的生产；由此而造成的结果是苹果产业的产业链短，产品附加值低。而且由于苹果价格"天花板"在短时间内不会获得较大提升，但是生产成本的"地板"却在不断抬升，由苹果所创造的收益空间在不断缩小。

要改善这种情况，延伸苹果产业的产业链是主要途径。在不断提高苹果年产量的基础上，应在满足市场基本需求的前提下，将苹果产业与旅游观光等第二、第三产业融合，通过增加产品的附加值来扩大苹果的收益空间，增加果农收入，同时也引导当地农业向高效绿色的现代化农业的方向转变。

2.5 过度依赖苹果产业

苹果产业是延安市果业的支柱型产业，是延安市财政收入的重要来源，也是当地农业进行转型升级的重点工程。2016年，延安市苹果种植面积达354万亩，产量达303万吨，产值达95.9亿元。果农人均苹果收入6 713元，占全市农村居民可支配收入的63.5%，而南部县农民收入的90%都来源于苹果产业。苹果产业给当地带来了巨额财富，成为当地农民脱贫致富的希望，但是过度依赖苹果产业所带来的问题不应该被人们所忽视，反而更应该得到人们的重视。

以赣州柑橘黄龙病为例，赣州是全国最大的柑橘主产区，而柑橘是当地农民的主要收入来源，但是由于当地果农对黄龙病认识的不够重视和缺乏防控知识，造成黄龙病于2013年7月爆发肆虐。因为黄龙病，赣县区于2014年共计砍掉3 000多株柑橘树，损失达300多万元，给当地果农的经济收入带来了严重影响。

由此观之，过度依赖该地区的某一产业是存在极大风险的，未来时间内可能发生的灾害可能会对该地区的经济造成严重影响。因此，延安市在大力推进农业现代化进程中，不仅要着力于苹果产业的发展建设，还需要因地制宜地发展其他产业，如生态旅游等，以苹果产业为龙头带动其他产业共同发展，打造延安市特色产业生态，实现各产业之间的优势互补，以此来维持延安市经济生态环境的相对稳定。

3 延安市农业转型升级的基本特征

3.1 规模化

规模化是农业现代化建设的基本特征，主要体现在土地所有权流转加快和土地规模化经营。延安市多山地、丘陵，对于个体来说，在山上种植作物不仅工作强度大、投入成本高，而且由于土壤水质等环境因素会造成作物收益低，于是个体所获利润较少。并且随着我国城市化进程的不断推进，农村劳动力大量流失，山地遭到荒废。因此，加快土地流转、实现土地集中化种植与管理和将荒废的山地再利用，是延安市在推进农业现代化建设方面的重要工作。

以延安市安塞区南沟村现代农业生态示范园为例，该园于2015年开始投资建设。建设初期，为提高土地利用率，同时增加当地农民收入，延安惠民农业科技发展有限公司对全村22 500亩荒山荒坡、弃耕地进行统一流转，先后投资3 000多万元用于治沟造地，进行园区建设。荒废的土地被集中利用，不仅改善了当地的生态环境，而且在建设产业园的基础上带动了当地经济的快速发展，也为当地老百姓带去了脱贫致富的希望。

3.2 环保化

延安市科技工作者和当地劳动人民在进行长期劳动实践的过程中开发出了"豆菜轮茬"和"坑施肥水"等保墒增肥技术。

"豆菜轮茬"主要是通过春种黄豆，秋种油菜，并在黄豆、油菜上花下荚的时候割除并覆盖在树盘上，等到秋施基肥时一并翻入土壤中作为有机肥提高土壤有机质含量，增加土壤肥力。

而"坑施肥水"技术的特点在于将秸秆和粪便作为有机肥料的原料进行再利用，并将雨水有效地保存起来，用作沤肥。等到施肥季节，将肥料翻出并覆盖在树盘上以增加果树周围土壤中的有机质含量。同时，调查研究发现坑施肥水模式能够有效地改善土壤条件，使土壤pH降低，通透性增强和土壤结构的微团粒结构明显增加等。"豆菜轮茬"和"坑施肥水"技术的开发和广泛应用，有效地提高了土壤中的有机质含量，改善了土壤条件，同时降低了农业生产对化肥的依赖程度，而化肥使用量的减少不仅降低了农业生产的成本投入，还减少了对生态环境的污染。

除保墒增肥技术以外，果园在提高绿色环保质量的过程中还应用了粘虫带、粘虫板和杀虫灯等环境友好型的物理防虫技术，减少了杀虫剂等化学试剂的使用，而且杀虫灯所需能源来源于太阳能，节约了能源，有效地提高了对于自然资源的利用效率。

3.3 融合化

融合化是传统农业向现代农业进行转型升级过程中的重要任务，也是社会发展对现代农业所提出的要求。传统农业产业链较短，产品直接由田间流向市场，其附加值较低，而且随着劳动力成本的投入越来越多，由传统农业所创造的利润越来越少。为增加当地居民收入，加快脱贫致富、迈入小康社会的步伐，在传统农业向现代农业进行转型升级的过程中，增加产品的附加值就成为居民增收的希望。增加产品的附加值，一方面是要延长产品的产业链，对产品进行深加工和精加工；另一方面是要将产品生产与第二、第三产业进行融合，如发展旅游观光、果园采摘等富含现代元素的产业。

延安市安塞区南沟村现代农业生态示范园就走在产业融合的前列，不仅建成大面积的苹果园、樱桃园和枣园等采摘园，而且还将旅游产业的酒店、垂钓等元素融合进生态园建设中，努力将该园建设成为集旅游采摘与休闲娱乐为一体的大型现代农业生态示范园。

3.4 网络化

互联网的出现拉近了人与世界的距离，使得信息交流更加方便快捷。对于企业来说，互联网的出现无疑是为企业发展提供了良好的外部条件，搭建的电子信息服务平台不仅能够实时地获知市场动态，而且可以借助互联网进行推广宣传。

2015年，延安市首个果业信息网建成并投入使用，全市8个县区被商务部确定为电子商务示范县，阿里巴巴入驻洛川县，酷网入驻富县，中国网库入驻安塞县（今为安塞区）。电子商务平台的聚集为带动本地区经济的发展开拓了市场，也拓展了产品的营销渠道，为当地产业的增长注入了新的力量。

互联网技术除了被用于市场营销以外，还被广泛地应用在对大棚内作物生长环境的监测和调节方面。借助传感器等现代监测技术或手段，对作物生长环境进行实时检测，检测得到的数据将通过网络实时地传输到计算机上，再借助计算机庞大的计算功能对作物生长环境进行评价，根据评价结果适当地调整作物的生长环境，以期作物能够在最适宜的条件下生长。

在"互联网+"的时代大背景下，"互联网+农业"的新型产业模式将信息产业与传统农业进行结合，加快了传统农业现代化建设的步伐，为传统农业的转型升级提供了良好的发展机遇。

3.5 大项目带动战略

延安市在大力推动现代化农业建设进程中，以原有的苹果园为基础，通过老园改造和再建设，扩大苹果种植面积，大幅度增加苹果产量，并且借助现代科学技术提高苹果质量，依托互联网平台打造区域品牌，在品牌战略的带动下扩大延安地区的影响力，以做大做强苹果产业。

经过近几十年的发展，苹果产业已经发展成为延安市财政收入的重要来源，而且成为当地农村居民脱贫致富的朝阳产业。将苹果产业作为延安市农业转型升级的重点工程，将大力推动苹果产业的发展，并以苹果产业为龙头，凭借其产生的辐射效应，带动延安市周边产业的共同发展。

如在2016年，延安成功举办了第一届世界苹果大会，吸引了来自36个国家及国内19个省市的2 000多人。世界苹果大会在延安市的成功举办不仅起到了战略宣传的作用，而且给当地旅游业的发展带来了良好的机遇，而对于当地产品加工行业来说，也具有推动技术革新和营销模式变革以适应世界市场需求的积极意义。

又如2015年，为更好地满足市场需求，同时推动苹果产业的发展，阿里巴巴入驻洛川县，酷网入驻富县。这些电子商务平台的建设为客户与商家提供了一条高效便捷的交流沟通渠道，在带动苹果产业发展的同时，也给周边产业的发展带去了机遇。电子商务平台所产生的集聚效应对周边产业的融资起到了积极的作用，而且随着先进技术的引进，当地产业的生产能力和技术水平也会相应地得到增强和提高，延安市产业的整体水平也会随之提高。

以苹果产业为龙头，凭借龙头产业的自身优势，以市场需求为导向发展当地特色农产品加工业，建立现代化的农产品流通体系，以不断延伸产业链条。同时，龙头企业还可以带领当地农村居民适应市场经济，以加快我国农村经济体制改革的步伐。

4 结论

随着传统农业向现代农业转型升级进程的不断推进，延安市苹果产业的发展取得了重大成就，种植面积、产量和创收等基本数据得到稳步提升，科技创新能力明显提高，品牌带动力也显著增强。尽管取得了这些成就，当地苹果产业的发展也存在着一些问题，土肥水成为制约苹果产业发展的基本因素，而硬件设施落后也成为产业发展的薄弱环节。除此之外，产业链短、果树种植机械化程度低、产品营销缺乏竞争性与主动性和过度依赖苹果产业都应该成为产业发展过程中需要密切关注和改善的重点。整体来说，延安市苹果产业的发展呈现出欣欣向荣的态势，也正因为如此，苹果产业成为当地农村居民早日实现小康梦的希望产业。

在过去十年时间里，延安当地农业转型升级呈现出五大基本特点，即规模化、环保化、产业化、网络化和大项目带动战略。土地规模化保证了发展农业生产有足够多的土地资源可以集中利用；环保化满足了时代发展对农业转型升级的要求；产业化带动了当地特色农业的发展建设；网络化为农业发展提供了信息服务平台和先进的技术手段；而大项目带动战略则成为传统农业向现代农业转型升级的重点建设工程。

5 参考文献

[1]段学良,孙智辉.延安北部丘陵沟壑区苹果产业发展的气候分析[J].陕西气象,2007(2): 39-42.

[2]延安市果业管理局.延安市"十三五"现代果业发展规划[Z].2016-12.

[3]李柳莹,王延平,韩明玉,等.洛川苹果园土壤的理化特征分析[J].西北农林科技大学学报:自然科学版,2016,44(4): 185-194.

[4]陈其霆,张玉春.土地规模化经营与土地流转[J].天水行政学院学报,2003(2): 37-39.

[5]周红卫.山地苹果园"豆菜轮茬"一举多得[J].西北园艺:果树专刊,2014(4): 6-8.

[6]杨永春,王斌,高文斌,等.坑施肥水对延安苹果园土壤的改良效果[J].安徽农业科学,2016,44(25): 103-104.

[7]王昕坤.产业融合——农业产业化的新内涵[J].农业现代化研究,2007,28(3): 303-306.

[8]靳青,杨英茹,郭利朋,等."互联网+"背景下我国农业转型升级策略探讨[J].安徽农业科学,2016(4): 319-321.

[9]李炳坤.发展现代农业与龙头企业的历史责任[J].农业经济问题,2006(9): 4-8.

红色教育视野下延安精神对大学生时代教育意义的探析
——以北京理工大学为例

张 宇

北京理工大学生命学院 北京100081

摘 要： 延安精神是马克思列宁主义与中国革命实际相结合的历史产物，是延安时期共产党人所有革命精神的集中体现。延安精神对当代大学生的引领作用表现为：可以坚定大学生的理想信念，引导大学生形成正确的价值观念，提高和完善大学生的综合素质，培养合格的接班人。本文通过问卷的形式来探析延安精神对大学生的时代教育意义。

关键词： 红色教育 大学生 延安精神

1935年到1948年，党中央在延安的13年里，以毛泽东同志为代表的中国共产党人在争取民族独立和人民解放事业的不懈奋斗中，培养、形成和发展了崇高的革命精神和优良的革命传统，铸造了光照千秋的延安精神，这是时代精神的体现，是马克思主义中国化的重要成果，是中国共产党和中华民族的宝贵精神财富。2016年3月，习近平总书记指出："延安精神是中华民族优良传统的继承和发展，是我们党的性质和宗旨的集中体现。弘扬延安精神，对于推进中国特色社会主义事业、实现中华民族伟大复兴具有重要意义。"他还强调，从延安精神中吸取力量，要把抓理想信念贯穿始终，提高辩证思维、系统思维能力，保持党同人民群众的血肉联系，始终为党和人民事业艰苦奋斗、不懈奋斗。当代大学生作为祖国发展的源动力、民族的新鲜血液，更要在新的历史条件下弘扬和传承延安精神，从延安精神中吸取力量，做延安精神的传人，不忘初心，不改初衷，为实现中华民族伟大复兴的中国梦努力奋斗。

1 延安精神的时代价值

延安精神是中华民族精神的继承和弘扬，是我们党在特殊的历史时期培育形成的一种优良传统。在改革开放和社会主义现代化建设新的历史时期，延安精神仍然是我们前进的动力和精神支柱，不断发挥着重要的作用。

1.1 发扬优良作风导向的作用

延安精神以共产主义目标为价值取向，以马列主义、毛泽东思想为指导，具有鲜明的民族性与时代性，它是务实、开拓、积极、科学、向上的人生价值观，反映了中国共产党人的高尚道德情操和精神面貌。党的领导人和大批先进模范人物，以身作则、率先垂范，以百折不挠的坚定意志和无往而不胜的英勇气概，投身于革命与战场，鼓舞着全国人民的斗志。延安精神的精神内涵正是新时代的接班人所应大力传承和发扬的优良作风，对当代青年形成优良的精神风貌具有重要的导向作用。

1.2 振奋民族精神、增强凝聚力的作用

延安精神是民族精神的重要组成部分，是民族精神血脉的存续和升华，更是民族兴盛发展的永恒精神资源，延安精神作为民族精神和时代精神汇流的中国精神在当代有着不可估量的现实意义。2009年11月，习近平总书记在陕西考察时强调："伟大的延安精神滋养了几代中国共产党人，始终是凝聚人心、战胜困难、开拓前进的强大精神力量。"在新的历史时期，发扬延安精神对于振奋民族精神、光大革命传统、弘扬时代精神依然具有强大的社会效应。我们应传承延安精神，振奋民族精神，让延安精神发出独特的光与热，激励中华儿女不断进步。

1.3 激发艰苦奋斗、开拓创新精神的作用

艰苦奋斗是博大精深的延安精神的重要组成部分，是延安精神在形成过程中培育的重要内容。1938年4月，毛主席在陕北公学开学典礼上的讲话中说："共产党人的作风就是艰苦奋斗。"延安时期，党的高级领导人布衣

草履、素食淡饭。此外，中国共产党人勇于开拓创新，新民主主义革命的一整套正确战略、策略、纲领和方针政策，都在这一时期确立并得到完善。三五九旅将士"背枪上战场，锄禾斗田庄"，把人迹罕至的"烂泥湾"变成了"陕北的好江南"。在新时代的挑战和机遇下，我们更应该大力弘扬自力更生、艰苦奋斗的精神，励精图治，自主创新，开拓进取，提高综合国力。

2 北京理工大学延安精神的文化特色

北京理工大学的前身是1940年创建于延安的自然科学院，是中国共产党创建的第一所理工科大学。徐特立于1941年年初到1943年年底担任自然科学院院长。在办学过程中，他始终贯彻四个坚持：第一，坚持正确的方向，把正确的办学方向作为首要问题，着力解决"培养什么人"的问题；第二，坚持解放思想、实事求是的思想路线，反对任何形式的主观主义和教条主义，坚定不移地走教学、科研、生产三结合的道路；第三，坚持全心全意为人民服务的根本宗旨，把为抗日战争和边区经济建设服务作为办学的服务宗旨；第四，坚持自力更生、艰苦奋斗的创业精神，克服办学过程中的困难，不断改善办学条件，发展壮大。延安精神是一种具有中国特色的无产阶级的革命精神，它是以毛泽东为代表的中国共产党人把马克思列宁主义的科学思想体系与中华民族的优秀传统风范相结合而产生的。徐特立把延安精神与办学实践完美地结合，为教育发展提出了指导性的建议。这一时期形成的教育思想和理论，成为北京理工大学办学兴校的财富，延安精神也成为学校的文化特色。

几十年来，北理工所坚持的"团结、勤奋、求实、创新"的校风，其来源就是当时的延安精神。新时期学校弘扬延安精神这一文化特色主要是继承和弘扬自然科学院时期所形成的办学精神和徐特立的教育理念和思想。

3 研究方法

3.1 抽样调查法

北京理工大学是具有延安精神文化特色的一所军工高校，作为起源于延安的一所高校，学校秉承着传承和弘扬延安精神的历史使命，继承延安精神、弘扬军工文化也是每一位北理工学子的责任。进入新的历史时期，北京理工大学十分珍视这一宝贵的文化特色，在学校制定的"三步走"的发展战略中，明确提出了到2040年建校100周年之际，把学校建设成为一所具有延安精神和国防科技特色的世界一流大学的发展目标。因此，以北京理工大学的学生为代表来调研延安精神对大学生的时代教育意义具有代表性。

3.2 问卷调查法

为了解当代大学生对延安精神的了解情况以及传承延安精神对当代发展的重要性，笔者制作了一份针对大学生对延安精神传承、认知以及实践情况的调查问卷，调查对象主要是北京理工大学的在校学生。为了保证数据的准确性，进行了大量的问卷发放，最终收回173份有效问卷。

4 结果与分析

通过对回收问卷的整理和分析，针对有效问题制作了比例图（图1～图3）模型，用来有效分析调研结果。

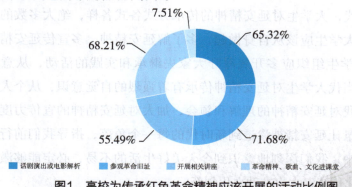

图1 高校为传承红色革命精神应该开展的活动比例图

问题分析：

在本调查问题中，大部分的同学认为当代高校应该通过组织学生参观革命旧址，组织革命精神、歌曲、文化进课堂以及话剧演出、电影解析和开展相关讲座的方式来传承红色革命精神。高校在开展红色教育的同时应加强多元化的教育理念与方式，除了课本上的知识熏陶，更重要的是让学生面对面地接受延安精神的洗礼，走进延安，走进革命旧址，用心去体会革命热情与精神，这也是将红色理念渗入大学生心中的有效手段。大学生作为校园红色文化的主要知识载体的接受者和传播者，对于自身这一代和下一代的成长起着方向标的作用。如果旗帜偏离了方向，必然导致主流思想的滑坡。而红色文化正好可以弥补这一缺陷，真正灌输社会主义先进文化思想。这对于促进我国的社会主义和谐社会建设，构建社会主义核心价值体系具有重要的时代意义。

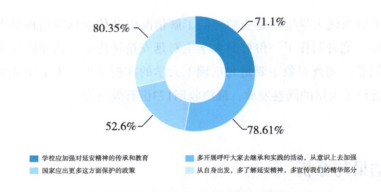

图2 加强继承与实践我们的延安精神的途径比例图

问题分析：

当今时代，大学生对延安精神的传承方式各式各样，绝大多数的同学认为我们当代大学生应该从自身做起，多了解延安精神，多宣传延安精神，同时，学校和学生组织应多开展呼吁大家去继承和实践的活动，从意识上加强。这说明当代大学生对延安精神传承有着强烈的自觉意识，从个人身上抓起，提高自我对延安精神的理解和领会，加大对延安精神的宣传力度，尽自己的一份力量让延安精神渗透到新时代的每一个角落，指导我们前行。在红色文化传承中，我们深刻地意识到今天美好生活的不易，必定能够激发自己继承优秀文化传统，大力推动文化创新。

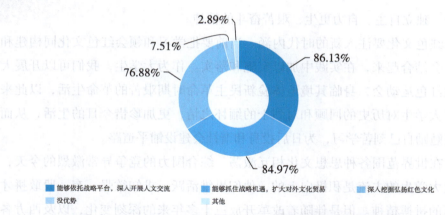

图3　"一带一路"对弘扬红色文化（延安精神）的优势比例图

问题分析：

陕西省省会西安是"一带一路"的起点，延安是陕西省红色资源集中地，在"一带一路"的倡议下，红色文化也是建设内容，绝大多数的同学认为，要依托"一带一路"平台，深入开展人文交流，扩大对外文化贸易，深入挖掘弘扬红色文化。"一带一路"是中国的发展机遇，也是中国向外传播中华文化的机遇。红色文化作为一种精神力量，能够在人们认识世界、改造世界的过程中转化为物质力量，对社会发展产生深刻的影响。在当今世界，各国之间综合国力的竞争日趋激烈，文化在综合国力竞争中的地位和作用越来越突出。延安精神作为中华人民共和国成立时期党的智慧结晶，指导了中国的成立与腾飞，我们应依托"一带一路"的发展机遇，使以延安精神为代表的红色文化得以弘扬和传播。

5　建议与结论

通过对调查问卷结果的分析，笔者提出以下四个建议：①把延安精神引入思想政治理论课程，通过课程的学习让同学们更加深刻地体会延安精神。②在社会实践时，将延安精神作为一个重点实践内容，让同学们亲自去实践、去体会继承延安精神的重要性。③学校或学生社团定期组织红色专题的学习，如看红色电影、演红色话剧等。④大学生也应该自己主动去学习、实践和宣传延安精神，在学习生活中乃至走向社会后，应发挥全心全意为人民服务、独立自主、自力更生、艰苦奋斗的精神。

红色文化要注入新的时代内涵。当前要把学习和领会红色文化同构建和谐社会结合起来，在实践中加以实施和落实。作为大学生，我们可以开展大学生红色运动会，身临其境地体验新民主革命时期艰苦的革命生活，以此来激发大学生对历史的回顾和对烈士的缅怀之情，更加珍惜今日的生活，从而可以勉励自己刻苦学习，为日后投身和谐社会建设铺平道路。

在世界范围各种思想文化相互激荡、综合国力的竞争异常激烈的今天，当代大学生的主流是积极向上的，他们思维活跃、求知欲强，有一股敢拼才能赢的拼搏精神。但是伴随着改革开放三十多年来的深刻变化，以及西方各种社会思潮的涌入，我们也看到拜金主义、享乐主义、极端个人主义以及某些资产阶级腐朽生活方式都在不同程度地影响着当代社会的价值取向，不同程度地反映出大学生世界观、人生观、价值观及法制观存在着的扭曲现象。我们有必要用延安精神鼓励教育要求每个青年大学生，人总是要有一点精神的，心系他人、心系集体、心系祖国，说到底就是一种"正确的政治方向、解放思想、实事求是、全心全意为人民服务、独立自主、自力更生、艰苦奋斗的精神"的生生不息的延安精神，只有这种延安精神的伟大品质与时代价值的感召力，才能够指引当代大学生自觉树立崇高的理想信念，确定科学的人生目标，继承爱国传统，弘扬民族精神；才能够真正解决大学生怎样做人、做什么样的人的根本问题。为此，重视延安精神，在大学生中加强延安精神的培养十分必要，把延安精神同人才竞争力、经济实力、技术实力一起纳入综合国力的客观范畴，意义十分重大。将继承与弘扬延安精神贯穿于道德教育与养成教育的始终，也是"人对世界掌握方式"的一种提升，它将利于当代大学生在社会转型时期多元文化并存的大背景下，培养自觉担当的社会责任意识和历史使命感，从而增强我国未来人才在世界舞台上的竞争力。

6 参考文献

[1] 过夏玲. 延安精神对当代大学生的引领作用[J]. 传承, 2011(14): 10-11.

[2] 王亚琴. 论延安精神对当代大学生思想政治教育的启示[J]. 延安职业技术学院学报, 2016, 30(3): 4-6.

[3]米嘉琪,刘晋云.延安精神对当代大学生社会价值观的影响[J].中华少年,2016(23).

[4]贺亚兰,刘存福.论北京理工大学文化特色[J].北京理工大学学报(社会科学版),2009(2).

[5]张乙惠.浅析延安精神对当代大学生成长的启示[J].科教导刊,2013(23):54-55.

[6]赵广宇,梁艳.延安精神对提高大学生思想政治教育作用的思考[J].科学导报,2016(9).

[7]马红娟.延安精神在当代大学生中的践行[J].人民论坛,2010(26):294-295.

[8]穆海霞.当代大学生传承延安精神的当代价值及途径探析[J].知音励志,2016(13).

"一带一路"视野下的西安战略地位及其实现路径探析

白云飞

北京理工大学机械与车辆学院，北京 100081

摘 要：西安作为西部核心城市，东联西控，南通北接，是中国版图几何中心，是丝绸之路东西方商贸和文化交流的东方磁极。作为"一带一路"的起点城市，西安的战略地位十分重要。要实现西安的战略地位，一是要搭建多方位合作平台，二是要加快建设丝路自贸区，三是要国际交往打出"西安牌"。本文还分析了民众对"一带一路"倡议及其发展的了解水平，主要通过问卷的形式进行调研，针对不同对象设计三种问卷：一是发放给普通游客，二是发放给当代大学生，三是发放给外国游客。最终共收回有效问卷260份。

关键词：一带一路 丝绸之路 战略地位 路径 问卷

1 前言

"一带一路"倡议是旨在推动沿线国家实现发展战略对接和优势互补，加强广大欧亚地区国家之间互联互通和共同面对各种挑战，推动相关各方广泛、深入、持久地交流合作并促进人类共同发展繁荣的重要方案。作为古丝绸之路的起点，在"一带一路"倡议下，一个更加开放、多元的西安再次登临世界舞台，这座兼具古代历史文明和现代风采的城市正吸引着世界的目光！

1.1 "一带一路"倡议的提出

2013 年 9 月，习近平主席访问哈萨克斯坦在纳扎尔巴耶夫大学发表演讲时提出，"为了使我们欧亚各国经济联系更加紧密、相互合作更加深入、发展空间更加广阔，我们可以用创新的合作模式，共同建立'丝绸之路经济带'"。一个月后，习近平主席在印度尼西亚国会发表演讲时提出，"东南亚地区自古以来就是'海上丝绸之路'的重要枢纽，中国愿同东盟国家加强海上合作，使用好中国政府设立的'中国—东盟海上合作基金'，发展好海洋合作伙伴关系，共同建设21世纪'海上丝绸之路'"。习近平主席提出的建设"丝绸之路经济带"和"21世纪海上丝绸之路"倡议被简称为"一带一路"倡议。"一带一路"倡议是以习近平同志为总书记的党中央主动适应世界经济形势深刻变化、统筹国内国外两个大局而做出的重大决策，是中国提出打造"利益共同体"和共同发展繁荣的"命运共同体"的重要举措，也是中国发挥自己负责任大国作用、构建以合作共赢为核心的新型国际关系的深刻体现。

1.2 "一带一路"倡议的布局

"一带一路"倡议包含"一带"即"丝绸之路经济带"，"一路"即"21世纪海上丝绸之路"。丝绸之路经济带走出国门后有两条大的路线，一条是出了中国新疆后沿古代丝绸之路向西延伸，在中亚的哈萨克斯坦分成两支，其中一支继续向西北一直延伸到波罗的海沿岸，另一支则南下，到达波斯湾沿岸、红海沿岸并延伸至地中海沿岸国家。丝绸之路经济带的另外一条路线是从中国西南省份出境后到达东南亚国家，向西经过南亚的印度后到达印度洋沿岸国家。21世纪海上丝绸之路是从中国沿海港口城市到达中国南海，然后在中国南海分成两支，一支向西穿过马六甲海峡，经过印度洋沿岸国家、红海、苏伊士运河，抵达地中海沿岸的欧洲国家。另一支则下东南，到达南太平洋。根据国家发改委、商务部、外交部联合发布的《推动共建丝绸之路经济带和21世纪海上丝绸之路的愿景与行动》，丝绸之路经济带重点畅通中国经中亚、俄罗斯至欧洲（波罗的海）；中国经中亚、西亚至波斯湾、地中海，中国经东南亚、南亚至印度洋。21世纪海上丝绸之路重点方向是从中国沿海港口过南海到印度洋，延伸至欧洲；从中国沿海港口过南海到南太平洋。"一带一路"贯穿欧亚大陆，连接欧亚东端的东亚经济圈和西端的欧洲经济圈，沿线经过26个国家和地区，覆盖人口达44亿，经济规模达21万亿美元。"一带一路"沿线国家大多是新兴经济体和发展中国家，经济发展潜力巨大。在"一带一路"倡议的带动下，沿线国家和中国之间以及这些国家内部的经济贸易往来将会成倍增加，沿线国家的经济发展水平也会得到重大提升。同时在中国国内，丝绸之路经济带经过中国西部的甘肃、新疆等省区，中国西南部的云南、贵州等省区，将有力带动中国西北、西南部经济欠发达地区的经济社会发展。这对缩小中国东西部之间的发展差距、促进中国陆海统筹发展具有重要意义。

2 "一带一路"视野下的西安重要战略地位分析

西安，古时的长安，是十三朝古都，历史文化深厚，是往日"丝绸之路"的起点，是秦和唐汉文明的发源地和向外传播的窗口。黄沙漫漫，驼铃声声……两千多年前，从唐长安出发，一路向西，一条丝绸之路将当时最耀眼璀璨的文明串联起来，开启了改变世界的文明交流史。意大利前总理马泰奥·伦齐认为，古丝绸之路是古代东西方文明交流的标志之一，新丝绸之路则再次唤醒人们对过往美好时代的记忆，他曾说过："美国媒体在做东西方对比的时候选择了一个意大利的标志形象大卫像和一个中国的标志形象兵马俑。这说明我们两国的关系代表着东西方两种文明的交流。"提起丝绸就会想起中国、想起长安。唐长安站在丝绸之路的一端，长期吸纳着更辽阔、更新奇的世界的文明营养。唐人包容、开放的气度，使得丝路呈现的精神、尊严、价值和意义为世界接受。意大利前驻华大使白达宁曾表示，"丝绸之路代表了友谊和和平，它不但是一条贸易之路，更是一条文化之路。"经贸兴盛、人员往来，铸造了西安作为东西方文化交融的中心。越来越多的考古发现证实了丝绸之路上的文化交流几乎未中断过。借助丝绸之路的繁盛，唐代也成为中国古代历史上开放程度最高的时期。各国商贾、使者、留学生云集首都长安，最多时达数万人。人员的往来更带来文化、宗教的相互交融，并给中国的绘画、雕刻、音乐等艺术带来巨大影响。西安是东西方文明的交汇点，以其独特的魅力吸引着全球各地的人们，它的战略地位，自古便十分重要，在如今"一带一路"倡议的带动下，西安重新出发，将重现"唐长安"盛景！

今日的西安，是习近平总书记亲自规划的"一带一路"的起点，在政治、经济、文化、科技、旅游等方面将迎来巨大的发展，西安在历史上就是亚欧合作交流的国际化大都市。今天的西安虽然不是首都了，但如果抓住"一带一路"的历史机遇，发挥好自己的区域优势，在共建丝绸之路经济带的大潮中，仍然可以成为亚欧合作交流的国际化大都市。西安在亚欧合作交流上的区位优势是任何城市不可替代的，国家把欧亚经济论坛的永久会址放在西安，批准在西安举办丝绸之路国际博览会，在西咸新区设立丝绸之路经济带能源金融贸易区。现在，亚欧合作交流的国家平台主要都在西安，事实上西安已经成为丝绸之路经济带的中国中心，最有条件、最有资格代表中国与丝绸之路经济带沿线国家和城市交流合作。把西安定位为亚欧合作交流的国际化大都市，可直接对接国家"一带一路"倡议，加强在丝绸之路经济带上的战略地位，使"一带一路"倡议得到更好落实。西安，在"一带一路"倡议下，具有十分重要的战略地位，也将迎来一个新的未来！

3 "一带一路"视野下的西安战略地位实现路径探析

3.1 搭建多方位合作平台

2013年，西安成功举办丝绸之路沿线20个城市市长圆桌会议，搭建多方位合作平台，先后与土库曼斯坦马雷市、乌兹别克斯坦马尔罕市缔结友好城市关系，并与中亚国家多个城市共建"中亚·长安产业园""国家级欧亚经济综合园区"等开放型经济园区，成功举办了有77个国家和地区参加的首届丝绸之路国际博览会。2014年1月10日，西北大学中亚学院、丝绸之路研究院和西安外国语大学中亚学院在西安同时揭牌，深化了西安与中亚国家高等教育的合作。

3.2 加快建设丝路自贸区

以西安欧亚经济论坛永久会址为中心，全面构建功能一体化的欧亚经济综合园区和西安领事馆区。西安正加快建设"丝绸之路经济带"自由贸易园区（西安）核心区，目前，其支撑项目西安综合保税区已封关运行，成为西北地区第一个综合保税区。10月28日，西安国际港务区内的铁路车站作为临时口岸对外开放，成为我国西部内陆地区第三个获批对外开放的铁路口岸。

3.3 构建西安大旅游格局

以"丝绸之路：长安—天山廊道路网"联合申遗成功为契机，围绕新增的5处世界文化遗产，西安正着力打造"汉风古韵"丝绸之路历史文化旅游区。6月18日开通的"长安号"丝绸之路旅游专列，成为西安向西开放的重要旅游通道。

3.4 国际交往打出"西安牌"

西安致力于加强政府和民间交往，突出西安元素，彰显西安能力。随着"长安号"国际货运班列这一被国家列入"中欧快线"的整车货运班列开通，与哈萨克斯坦等中亚五国及俄罗斯的贸易往来日益紧密，西安自主知识产权、自主品牌、自有营销渠道和优势产品走进"丝绸之路经济带"沿线国家。

4 人们对"一带一路"倡议及其发展的了解水平分析

为了了解人们对"一带一路"倡议及其发展的了解水平，我们主要采用问卷调研的方式。为了数据的准确性和多样性，我们准备了三种问卷（图1～图3）：

4.1 发放给普通游客的纸质版问卷，有效回收168份

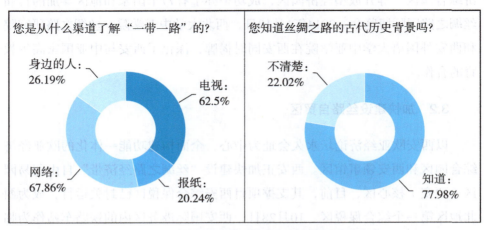

图1 发给普通游客的问卷的相关数据信息统计

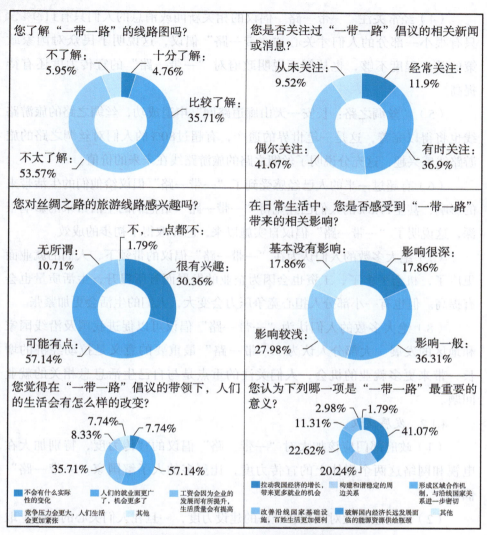

图1 发给普通游客的问卷的相关数据信息统计（续）

4.1.1 问卷结果分析

（1）人们绝大多数是从电视和网络这两个途径了解"一带一路"倡议的。说明电视和网络是当今人们获取国家政策的有效途径。

（2）绝大多数的人们知道古代丝绸之路的历史背景，说明了丝绸之路已深入人心，这对"丝绸之路经济带"的发展十分有利。

（3）有将近60%的人们不了解或不太了解"一带一路"的路线图，这个结果和人们对丝绸之路的了解结果相反，说明了"一带一路"倡议的宣传力度不够。

（4）经常关注"一带一路"倡议的相关新闻或消息的人们只有11.9%，只有很小一部分的人们才关心"一带一路"倡议，这说明了民众对国家政策的关心程度不够，也从侧面说明政府对"一带一路"的宣传力度还有待提高。

（5）"丝绸之路：长安—天山廊道路网"申遗成功，丝绸之路的旅游路线也将得以完善，这是一笔世界的遗产，有超过80%的人们对丝绸之路的旅游路线感兴趣，这充分说明了丝绸之路的旅游路线在未来的价值。

（6）有超过一半的人已经感受到了"一带一路"倡议给他们的生活带来的影响，甚至17.8%的人们已经觉得"一带一路"给他们的生活带来的影响很深，这说明了"一带一路"倡议自实施以来，已经取得了初步的成效。

（7）绝大多数的人们认为在"一带一路"倡议的带领下，人们的就业面更广了，机会更多了，工资也会因为企业的发展而有所提升，生活质量也会有提高。但也有一小部分人担心竞争压力会变大，人们的生活会更加紧张。

（8）绝大多数的人们认为"一带一路"倡议可以促进我国及沿线国家和地区的发展。大部分人认为"一带一路"最重要的意义是拉动经济的增长，带来更多就业的机会，人们关注的重点是与自己生活息息相关的就业问题。

4.1.2 发展建议

（1）政府部门应该加大对"一带一路"倡议的宣传力度，特别加大在电视和网络这两个媒体上的宣传力度，让更多的人了解国家"一带一路"倡议。

（2）同时应加大对文化和经济的建设力度，一旦在人们关心的问题上取得成绩，人们就会对这项政策更加自信。

（3）有些人对"一带一路"存在担忧，觉得会让社会竞争变大，对他们就业不利，政府应该出台相应的就业政策，打消民众的担忧。

（4）绝大部分的人们对丝绸之路的旅游线路感兴趣，"一带一路"规划中就有一项，建设西安大旅游格局，西安市政府应抓住机遇，抓紧时间，规划好丝绸之路旅游线路。

4.2 发放给大学生的电子版问卷，有效回收72份

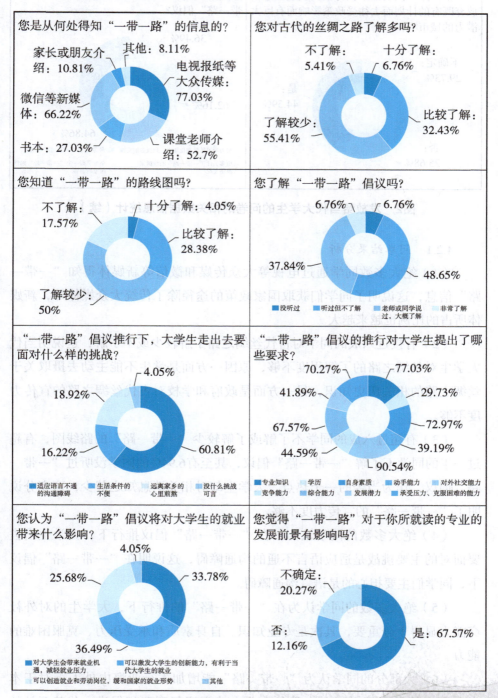

图2 发放给当代大学生的问卷的相关数据信息统计

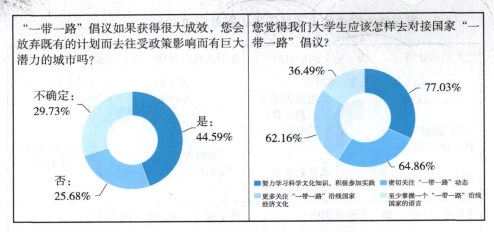

图2 发放给当代大学生的问卷的相关数据信息统计（续）

4.2.1 问卷结果分析

（1）绝大多数同学通过电视等大众传媒和微信等新媒体得知"一带一路"信息，这说明了同学们获取国家政策的途径除了传统大众媒体外，新媒体所占的比例也越来越大。

（2）有接近六成的同学对古代丝绸之路了解较少或不了解，这说明当代大学生对丝绸之路的了解程度不够，原因一方面是学生不能主动去摄取关于丝绸之路的相关历史知识，另一方面是政府和学校对古代丝绸之路的宣传力度不够。

（3）有超过六成的同学不了解或了解较少"一带一路"的路线图，有超过一半的同学不了解"一带一路"倡议，甚至有6.94%的同学没听过"一带一路"倡议，作为当今的一个热点，大学生却对相关消息知之甚少，这充分说明了"一带一路"的宣传力度不够。

（4）绝大多数的同学认为，在"一带一路"倡议推行下，大学生出去要面对的主要挑战是适应语言不通的沟通障碍，这说明在"一带一路"倡议下，同学们主要担心的是语言沟通障碍。

（5）绝大多数的同学认为在"一带一路"的推行下，大学生的对外社交能力显得十分重要，其次是专业知识、自身素质和承受压力、克服困难的能力。

（6）大部分的同学认为"一带一路"能增加本行业海内外人士对于本专业更多的学术探讨，对大学各专业人才交流起到互相促进、优势互补的作用。

（7）各有三分之一的同学认为"一带一路"会给大学生带来就业机遇，减轻就业压力、可以激发大学生的创新能力，有利于当代大学生的就业并创造就业和劳动岗位，缓和国家的就业形势。总体而言，"一带一路"对大学生的就业十分有利。

（8）绝大多数的同学认为"一带一路"对于所就读的专业发展前景有影响，而且，有将近一半的同学觉得如果"一带一路"获得很大成效，他们会放弃既有的计划而去往受政策影响而有巨大潜力的城市。这充分说明了"一带一路"对当今大学生未来的影响程度很深。

（9）绝大多数的同学认为大学生应该努力学习科学文化知识，积极参加社会实践，来对接国家"一带一路"倡议。

4.2.2 发展建议

（1）对当代大学生加强"一带一路"倡议的宣传，重点通过微信等新媒体的方式进行。

（2）学校应该加大对当代大学生的语言训练力度，最好能够开设有关"一带一路"的英语课程，同时，同学们应该积极学习相关语言，以便自己能更好地应对未来发展中的挑战。

（4）寒暑假社会实践，学校应该把"一带一路"作为一个重要的专题来做，让同学们亲自去实践、去体会，才能让他们受到触动，从而更努力地学习专业知识，更好地为国家战略服务。

4.3 发放给外国游客的纸质版问卷，有效回收20份

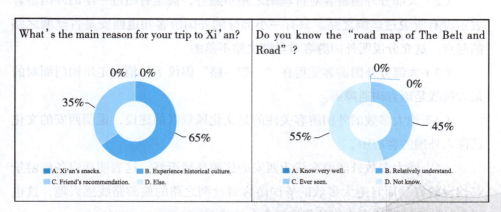

图3　发给外国游客的问卷的相关数据信息统计

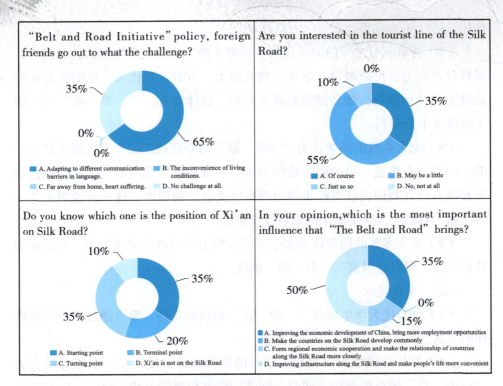

图3 发给外国游客的问卷的相关数据信息统计（续）

4.3.1 问卷结果分析

（1）大部分的外国游客来西安是为了体验西安的历史文化，大部分的外国游客认为西安是一个古老的城市，这说明西安的历史文化对外国游客的吸引力很大。

（2）大部分外国游客对古丝绸之路不熟悉，甚至有超过一半的外国游客表示没有听说过丝绸之路。只有一小部分的外国游客知道西安是古丝绸之路的起点。这充分说明外国游客对丝绸之路不熟悉。

（3）大部分外国游客觉得在"一带一路"倡议下，他们走出国门面对的最大挑战是语言沟通障碍。

（4）绝大多数的外国游客关注的是文化风景区的建设，说明西安的文化已深入外国游客心中。

（5）绝大多数外国游客认为西安的旅游环境挺好，这表明西安各旅游景点建设较好。而且绝大多数的外国游客对丝绸之路的旅游路线感兴趣，这也说明丝路旅游路线在未来的价值巨大。

（6）大部分外国游客认为"一带一路"倡议能够改善沿线各个国家的基础设施，使人们的生活更加便利。

4.3.2 发展建议

（1）"一带一路"倡议走出国门要以文化为突破口，文化的交流更容易让外国的普通民众接受，要以西安著名的兵马俑和大雁塔为代表对外进行文化交流。

（2）外国游客来西安的主要目的是旅游，建议在各个旅游景点宣传"古丝绸之路"和"一带一路"，可以通过语音广播的形式，也可以通过展板的形式，译成多国语言，让更多的外国人熟悉丝绸之路和"一带一路"，这对西安走向国际十分有利。

（3）建议西安市各旅游景点在各个指示牌、宣传册以及语音讲解器上增设多国语言。

5 结束语

"一带一路"的提出，一手托起"中国梦"，一手牵起"世界梦"，既是中国新时期国际战略架构的重要组成，也是我国西部大开发国策的进一步深化。西安作为古丝绸之路的起点和"一带一路"的起点，具有重要的战略地位。在"一带一路"倡议的推行和落实过程中，西安将发挥重要的作用。"一带一路"倡议是复兴西安、复兴中华的伟大构想，作为中华民族的一员，我们有责任为复兴梦奋斗，我们应当主动去学习"一带一路"相关知识，学习"古丝绸之路"的相关知识，时刻为将来"一带一路"倡议的最终实现做好准备！

6 参考文献

[1] 习近平. 弘扬人民友谊，共创美好未来——在纳扎巴耶夫大学的演讲[N]. 人民日报，2013-09-08（3）.

[2] 习近平. 携手建设中国—东盟命运共同体——在印度尼西亚国会的演讲

[N].人民日报，2013-10-04（2）.

[3]孟辽阔."一带一路"视野下的巴基斯坦战略地位及其实现路径探析[J].世界经济与政治论坛，2015(4): 29-45.

[4]希轩，吴绍礼.城事有看点——西安：主动融入"一带一路"大格局[J].新丝路，2015(6): 70-71.

[5]李琪，朱楠."一带一路"战略下西安开放开发新高地规划建设策略[J].规划师，2016, 32(2):31-37.

[6]张振，杨琳.发挥自身优势 加快建设西安国际化大都市[J].陕西省社会科学院，2015.

[7]梁慧歆.西安："一带一路"战略框架下的发展路径[J].环球市场信息导报，2015(27): 11-11.

[8]靳晶.为"一带一路"注入"西安能量"——专访全国人大代表、西安市市长上官吉庆[J].小康，2016, 267(7): 65-65.

[9]孙颖玲.基于"一带一路"建设西安国际化大都市的路径研究[J].商业时代，2015(23): 144-145.

附 录

问卷1：

"一带一路"背景下当代大学生对延安精神的认知、继承与实践

亲爱的同学们： 我们是2017年北京理工大学赴陕西省生态科考队的学生，为了解当代大学生对延安精神的认知、继承与实践情况，我们制作了此份调查问卷。特邀请您作为我们的调查对象，您的回答对我们的研究非常重要，您的回答无对错与好坏之分，调查数据只做研究之用，请您如实说明自己的情况和看法，不必有任何顾虑，真诚感谢您的合作！整个过程大约需要3分钟。祝您身体健康，万事如意！

第一部分：单选题

1. 性别
   ○ 男　　○ 女

2. 年龄
   ○ 18及以下　　○ 19～24　　○ 25～30　　○ 31及以上

3. 政治面貌
   ○ 团员　　○ 党员　　○ 群众　　○ 其他

4. 专业类型
   ○ 文史类　　○ 经管类　　○ 理工类　　○ 其他

5. 您对延安精神是否了解？
   ○ 非常不了解　　○ 比较不了解　　○ 一般　　○ 比较了解　　○ 非常了解

6. 您觉得延安精神是否已经过时？

    ○ 是　　○ 否

7. 您认为当代大学生是否承担着延安精神传承的责任？

    ○ 是　　○ 否

8. 您觉得延安精神对当代大学生未来发展的影响有多大？

    没有影响　　○ 1　　○ 2　　○ 3　　非常有影响

9. 您觉得延安精神与您的日常生活息息相关吗？

    完全不相关　　○ 1　　○ 2　　○ 3　　○ 4　　○ 5　　完全相关

10. 您觉得有必要对学生进行延安精神的知识普及和教育吗？

    ○ 完全没必要　　○ 没必要　　○ 有必要　　○ 完全有必要

11. 您有没有认真参与学校组织的延安精神的学习？

    ○ 有　　○ 没有

12. 在空闲时间，您会主动阅读一些关于延安精神的书籍吗？

    ○ 不会　　○ 偶尔会　　○ 经常会

13. 您会主动观看有关延安精神的电视剧或电影吗？

    ○ 不会　　○ 偶尔会　　○ 经常会

14. 生活中您会主动践行延安精神吗？

    ○ 不会　　○ 偶尔会　　○ 经常会

15. 您会主动向身边的亲朋好友宣传延安精神吗？

    ○ 不会　　○ 偶尔会　　○ 经常会

16. 在"一带一路"倡议下，大学生继承延安精神的必要性如何？

    ○ 完全没必要　　○ 没必要　　○ 有必要　　○ 完全有必要

第二部分：多选题

17. 您所了解到的延安精神的内涵有哪些？　[多选题] [必答题]

    □ 自力更生、艰苦奋斗的创业精神

    □ 全心全意为人民服务的精神

    □ 理论联系实际、不断开拓创新的精神

    □ 实事求是的思想路线

    □ 其他

18. 您所接受的延安精神教育主要有哪些形式？[多选题] [必答题]
    - □ 集体组织学习
    - □ 展板、报纸等实物媒体
    - □ 网络、电视等虚拟媒体
    - □ 参观延安旧址
    - □ 教科书
    - □ 亲友口述
    - □ 其他

19. 您觉得我们应该怎么去加强继承与实践延安精神？[多选题] [必答题]
    - □ 学校应加强对延安精神的传承教育
    - □ 多呼吁大家去参与继承和实践的活动，从意识上去加强
    - □ 国家应出更多这方面保护的政策
    - □ 应在每个专业中插入一些延安精神内容
    - □ 从自身出发，多了解延安精神，多宣传精华部分

20. "一带一路"对弘扬红色文化（延安精神）的优势有哪些？[多选题] [必答题]
    - □ 能够依托战略平台，深入开展人文交流
    - □ 能够抓住战略机遇，扩大对外文化贸易
    - □ 深入挖掘弘扬红色文化
    - □ 没优势
    - □ 其他 _____

问卷2：

对"一带一路"倡议及其发展的了解水平调查问卷

亲爱的游客朋友们：我们是2017年北京理工大学赴陕西省生态科考队的学生，为了解人们对"一带一路"倡议的了解情况，我们制作了此份调查问卷。特邀请您作为我们的调查对象，您的回答对我们的研究非常重要，您的回答无对错与好坏之分，调查数据只做研究之用，请您如实说明自己的情况和看法，不必有任何顾虑，真诚感谢您的合作！整个过程大约需要3分钟。祝您身体健康，万事如意！

在选项处打"√"

1. 您的性别是？【单选题】
   ○男　○女
2. 您目前的职业是？【单选题】
   ○ 公务员/事业单位工作人员
   ○ 公司中高级管理人员
   ○ 专业技术人员
   ○ 私营业主
   ○ 公司职员/工人
   ○ 军人
   ○ 农民
   ○ 在校大学生
   ○ 自由职业者
   ○ 离退休人员
   ○ 其他

3. 您的年龄是?【单选题】
   ○10~20　○20~30　○30~40　○50以上

4. 您的受教育程度是?【单选题】
   ○初中及以下　　　　○高中/职业中专　　　　○大专
   ○本科　　　　　　　○硕士研究生及以上

5. 您是从什么渠道了解"一带一路"的?【多选题】
   □电视　□报纸　□网络　□身边的人

6. 您知道丝绸之路的古代历史背景吗?【单选题】
   ○知道　○不清楚

7. 您了解"一带一路"的线路图吗?【单选题】
   ○十分了解　○比较了解　○不太了解　○不了解

8. 您是否关注过"一带一路"倡议的相关新闻或消息?【单选题】
   ○经常关注　○有时关注　○偶尔关注　○从未关注

9. 您对丝绸之路的旅游线路感兴趣吗?【单选题】
   ○很有兴趣　○可能有点　○无所谓　○不,一点都不

10. 在日常生活中,您是否感受到"一带一路"带来的相关影响?【单选题】
    ○影响很深　○影响一般　○影响较浅　○基本没有影响

11. 您所关心的"一带一路"建设内容是哪些?【多选题】
    □交通　□科技　□能源　□文化　□旅游　□经济

12. 您觉得在"一带一路"倡议的带领下,人们的生活会有怎么样的改变?【单选题】
    ○不会有什么实际性的变化
    ○人们的就业面更广了,机会更多了
    ○工资会因为企业的发展而有所提升,生活质量会有提高
    ○竞争压力会更大,人们生活会更加紧张
    ○其他

13. 您如何看待"一带一路"倡议对国家和社会发展的影响力?【单选题】
    ○可以促进我国及沿线国家和地区的发展
    ○可以促进某些领域的发展

○将在短时期内促进有关国家和地区的发展

○不清楚

14. 您认为下列哪一项是"一带一路"最重要的意义?【单选题】

○拉动我国经济的增长,带来更多的就业机会

○构建和谐稳定的周边关系

○形成区域合作机制,与沿线国家的关系进一步密切

○改善沿线国家基础设施,百姓生活更加便利

○破解国内经济长远发展面临的能源资源供给瓶颈

○其他 _____

15. 您对未来响应"一带一路"有什么意见或建议?【填空题】

_____

问卷3：

当代大学生对"一带一路"倡议的了解情况

亲爱的同学们：我们是2017年北京理工大学赴陕西省生态科考队的学生，为了解当代大学生对"一带一路"倡议的了解情况，我们制作了此份调查问卷。特邀请您作为我们的调查对象，您的回答对我们的研究非常重要，您的回答无对错与好坏之分，调查数据只做研究之用，请您如实说明自己的情况和看法，不必有任何顾虑，真诚感谢您的合作！整个过程大约需要3分钟。祝您身体健康，万事如意！

在选项处打"√"

1. 您的性别是？【单选题】
   ○男　○女
2. 您的年龄是？【单选题】
   ○18及以下　○19~24　○25~30　○31及以上
3. 您的政治面貌是？【单选题】
   ○团员　○党员　○群众　○其他
4. 您的专业类型是？【单选题】
   ○文史类　○经管类　○理工类　○其他
5. 您是从何处得知"一带一路"信息的？【多选题】
   □电视报纸等大众传媒
   □课堂老师介绍
   □书本
   □微信等新媒体
   □家长或朋友介绍
   □其他 _____

6. 您对古代的丝绸之路了解多吗?【单选题】

　　○十分了解　○比较了解　○了解较少　○不了解

7. 您知道"一带一路"的路线图吗?【单选题】

　　○十分了解　○比较了解　○了解较少　○不了解

8. 您了解"一带一路"倡议吗?【单选题】

　　○没听过

　　○听过但不了解

　　○老师或同学说过，大概了解

　　○非常了解

9. "一带一路"倡议的推行下，大学生走出去要面对什么样的挑战?【单选题】

　　○适应语言不通的沟通障碍

　　○生活条件的不便

　　○远离家乡的心里煎熬

　　○没什么挑战可言

10. "一带一路"倡议的推行对大学生提出了哪些要求?【多选题】

　　□专业知识

　　□学历

　　□自身素质

　　□动手能力

　　□对外社交能力

　　□竞争能力

　　□综合能力

　　□发展潜力

　　□承受压力、克服困难的能力

11. 您认为"一带一路"对于大学各专业人才交流起了什么作用?【单选题】

　　○增加了本行业海内外人士对于本专业更多的学术探讨

　　○增加了人才市场的竞争压力

　　○互相促进，优势互补

　　○影响不大

12. 您认为"一带一路"倡议给大学生的就业带来了什么影响？【单选题】

　　　　○会给大学生带来就业机遇，减轻就业压力
　　　　○可以激发大学生的创新能力，有利于当代大学生的就业
　　　　○可以创造就业和劳动岗位，缓和国家的就业形势
　　　　○其他 _____

13. 您觉得"一带一路"对于您所就读的专业的发展前景有影响吗？【单选题】

　　　　○是　　○否　　○不确定

14. "一带一路"倡议如果获得很大成效，您会放弃既有的计划而去往受政策影响而有巨大潜力的城市吗？【单选题】

　　　　○是　　○否　　○不确定

15. 您觉得我们大学生应该怎样对接国家"一带一路"倡议？【多选题】

　　　　□努力学习科学文化知识，积极参加实践
　　　　□密切关注"一带一路"动态
　　　　□更多关注"一带一路"沿线国家的经济文化
　　　　□至少掌握一个"一带一路"沿线国家的语言

16. 根据您对"一带一路"的了解，您有什么建议或意见提供给当代大学生？【填空题】

　　　　_____

问卷4：

The questionnaire about "The Belt and Road"

1. What's the main reason for your trip to Xi'an?

    A. Xi'an's snacks.　　　　　　B. Experience historical culture.

    C. Friend's recommendation.　　D. Else _____.

2. What kind of city do you think Xi'an is?

    A. A international metropolis.　　B. A folk custom city.

    C. An old and ancient city.　　　D. A city that has lost its traditional culture.

3. Do you know the road map of "The Belt and Road"?

    A. Know very well.　　　B. Relatively understand.

    C. Ever seen.　　　　　D. Not know.

4. As to "The Belt and Road" initiative policy, what the challenge will foreign friends face?

    A. Adapting to different communication barriers in language.

    B. The inconvenience of living conditions.

    C. Far away from home, heart suffering.

    D. No challenge at all.

5. Xi'an will focus on Europe and the United States, Japan and Korea, Southeast Asia, Hong Kong of China, Macao of China, Taiwan of China and the Silk Road along the city and other major tourist markets to strengthen marketing, adding 5 "Xi'an window" overseas tourism promotion center. Which aspect do you think you would like to know in detail?

    A. Cultural scenic spot.　　B. Dietetic Culture.　　C. Accommodation.

    D. Tourist culture.　　　　E. Else _____

6. What do you think of the tourist environment of Xi'an?
   A. Great.   B. Not bad.   C. Commonly.
   D. Disappointed.   E. Awful.

7. Are you interested in the tourist line of the Silk Road?
   A. Of course.   B. May be a little.
   C. Just so so.   D. No, not at all.

8. Do you know which one is the position of Xi'an on Silk Road?
   A. Starting point.   B. Terminal point.
   C. Turning point.   D. Xi'an is not on the Silk Road.

9. In your opinion, which is the most important influence that "The Belt and Road" brings?
   A. Improve the economic development of China, and bring more employment opportunities.
   B. Make the countries on the Silk Road develop commonly.
   C. Form regional economic cooperation and make the relationship of countries along the Silk Road more closely.
   D. Improve infrastructure along the Silk Road and make people's life more convenient.

专业名词解释

自科类名词解释

（1）黄绵土：黄绵土是由黄土母质经直接耕种而形成的一种幼年土壤。因土体疏松、软绵，土色浅淡，故名。实质为土质初育土。其主要特征是剖面发育不明显，仅有A层及C层，且二者之间无明显界限；土壤侵蚀严重。其广泛分布于中国黄土高原水土流失较严重的地区，特别是甘肃东部和中部、陕西北部、山西西部、宁夏南部、河南西部和内蒙古境内也有分布。其常和黑垆土、灰钙土等交错存在，是黄土高原上分布面积最大的土壤。

（2）土壤有机质：土壤有机质是指存在于土壤中的含碳的有机物质，包括各种动植物的残体、微生物体及其会分解和合成的各种有机质。土壤有机质是土壤固相部分的重要组成成分，尽管土壤有机质的含量只占土壤总量的很小一部分，但它对土壤形成、土壤肥力、环境保护及农林业可持续发展等都有着极其重要的作用和意义。

（3）土壤肥力：土壤肥力是反映土壤肥沃性的一个重要指标。它是衡量土壤能够提供作物生长所需的各种养分的能力，是土壤各种基本性质的综合表现，是土壤区别于成土母质和其他自然体的最本质的特征，也是土壤作为自然资源和农业生产资料的物质基础。土壤肥力是土壤的基本属性和本质特征，是土壤为植物生长供应和协调养分、水分、空气和热量的能力，是土壤物理、化学和生物学性质的综合反映。四大肥力因素有养分因素、物理因素、化学因素、生物因素。

（4）TDS：总溶解固体（Total Dissolved Solids，TDS），又称溶解性固体总量，测量单位为毫克/升（mg/L），它表明1升水中溶有多少毫克溶解性固体。TDS值越高，表示水中含有的溶解物越多。总溶解固体指水中全部溶质的总量，包括无机物和有机物两者的含量。一般可用电导率值大概了解溶液中的盐分，一般情况下，电导率越高，盐分越高，TDS越高。在无机物中，除溶解成离子状的成分外，还可能有呈分子状的无机物。由于天然水中所含的有机物及呈分子状的无机物一般可以不考虑，所以一般也把含盐量称为总溶解固体。但是在特定水中TDS并不能有效反映水质的情况，比如电解水，由于电解过的水中OH−等带电离子显著增多，相应的导电量就异常加大，原TDS在17的纯水经电解水机电解后所得碱性水的TDS值大约在300。

（5）土壤质量：土壤质量（Soil Quality）和土壤健康（Soil Health）这两个词在科技文献中是一个同义词，在科技出版物中交替出现。科学家喜欢用前者，而农民喜欢用后者。关于土壤质量的定义，简要地说，土壤质量是土壤在生态系统界面内维持生产、保障环境质量、促进动物和人类健康行为的能力（Doran&Parkin，1994）。美国土壤学会（1995）把土壤质量定义为：在自然或管理的生态系统边界内，土壤具有的动植物生产持续性，保持和提高水、气质量以及人类健康与生活的能力。土壤质量是指土壤在一定生态系统内支持生物的生产能力、净化环境能力、促进动植物及人类健康的能力。

（6）治沟造地：治沟造地是延安市针对黄土高原丘陵沟壑区特殊地貌，集坝系建设、旧坝修复、盐碱地改造、荒沟闲置土地开发利用和生态建设为一体的一种沟道治理新模式，通过闸沟造地、打坝修渠、垫沟覆土等主要措施，实现小流域坝系工程提前利用受益，是增良田、保生态、惠民生的系统工程。

（7）CFU：CFU即菌落形成单位，指单位体积中的细菌群落总数。在活菌培养计数时，由单个菌体或聚集成团的多个菌体在固体培养基上生长繁殖所形成的集落，称为菌落形成单位，可表示活菌的数量。

（8）平板菌落计数法：这是一种统计物品含菌数的有效方法。方法如下：将待测样品适当稀释之后，其中的微生物充分分散成单个细胞，取一定量的稀释样液涂布到平板上，经过培养，由每个单细胞生长繁殖而形成肉眼可见的菌落，即一个单菌落应代表原样品中的一个单细胞；统计菌落数，根据其稀释倍数和取样接种量即可换算出样品中的含菌数。

（9）菌落：这是由单个细菌（或其他微生物）细胞或一堆同种细胞在适宜固体培养基表面或内部生长繁殖到一定程度，形成的肉眼可见的子细胞群落。通常是细菌在固体培养基上（内）生长发育，形成以母细胞为中心的一团肉眼可见的，有一定形态、构造等特征的子细胞的集团。

（10）革兰氏染色法：革兰氏染色法是细菌学中广泛使用的一种鉴别染色法，1884年由丹麦医师Gram创立。未经染色之细菌，由于其与周围环境折光率差别甚小，故在显微镜下极难观察。染色后细菌与环境形成鲜明对比，可以清楚地观察到细菌的形态、排列及某些结构特征，而用以分类鉴定。

（11）黄龙病：柑橘黄龙病，又名黄梢病、黄枯病，是由一种限于韧皮部内寄生的革兰氏阴性细菌引起的，能够侵染包括柑橘属、枳属、金柑属和九里香等在内的多种芸香科植物的病害。柑橘黄龙病是世界柑橘生产上的毁灭性病害，该病主要分布在亚洲、非洲、大洋洲、南美洲和北美洲的近50个国家和地区，中国19个柑橘生产省（市、自治区）中已有11个受到该病危害，严重制约柑橘产业的健康发展。

（12）根系土壤：果树实生根系在土壤中分为2到3层，根系土壤为果树以树冠垂直向下投影所指区域的上层土壤。上层根系根群角较大，分枝性强，易受地表环境条件和肥水等的影响，而下层根系根群角较小，分枝性弱，受地表环境和肥水等的影响较小。因此，在调查土壤对根系影响时，选择根系土壤是较好的选择。

（13）COD：COD即化学需氧量（Chemical Oxygen Demand），其定义是水样在一定条件下，以氧化1升水样中还原性物质所消耗的氧化剂的量化指标，折算成每升水样全部被氧化后，需要的氧的毫克数，以mg/L表示。它既反映了水中受还原性物质污染的程度，也可作为有机物相对含量的综合指标之一。

（14）稀释平板计数法：稀释平板计数法是根据微生物在固体培养基上所形成的单个菌落，即是由一个单细胞繁殖而成这一培养特征而设计的计数方法，即一个菌落代表一个单细胞。计数时，首先将待测样品制成均匀的系列稀释液，尽量使样品中的微生物细胞分散开，使成单个细胞存在（否则一个菌落就不只是代表一个细胞），再取一定稀释度、一定量的稀释液接种到平板中，使其均匀分布于平板中的培养基内。经培养后，由单个细胞生长繁殖形成菌落，统计菌落数目，即可计算出样品中的含菌数。此法所计算的菌数是培养基上长出来的菌落数，故又称活菌计数。一般用于某些成品检定（如杀虫菌剂等）、生物制品检验、土壤含菌量测定及食品、水源的污染程度的检验。

（15）真菌：真菌是一种真核生物。最常见的真菌是各类蕈类，另外真菌也包括霉菌和酵母。当前已经发现了七万多种真菌，约为存在的菌种的一小部分。真菌和植物、动物、细菌最大的不同之处在于，真菌的细胞的细胞壁的主要成分为甲壳素（又叫几丁质、壳多糖），和植物的细胞壁主要是由纤维素组成的不同。而相较于细菌，真菌有核膜包围形成的细胞核，为真核生物，而细菌则没有由核膜包围形成的细胞核，属于原核生物。

（16）涂布平板法：涂布平板法接种是一种常用的接种方法，不仅可以用于计算活菌数，还可以利用其在平板表面生长形成菌苔的特点用于检测化学因素对微生物的抑杀效应。其原理是将一定浓度，一定量的待分离菌悬液加到已凝固的培养基平板上，再用涂布棒快速地将其均匀涂布，使长出单菌落或菌苔而达到分离或计数的目的。

（17）水总硬度：这是指水中Ca^{2+}、Mg^{2+}的总量，它包括暂时硬度和永久硬度。水中Ca^{2+}、Mg^{2+}以酸式碳酸盐形式存在的部分，因其遇热即形成碳酸盐沉淀而被除去，故称为暂时硬度；而以硫酸盐、硝酸盐和氯化物等形式存在的部分，因其性质比较稳定，故称为永久硬度。

（18）水功能区：这是指为满足人类对水资源合理开发、利用、节约和保护的需求，根据水资源的自然条件和开发利用现状，按照流域综合规划、水资源保护和经济社会发展要求，依其主导功能划定范围并执行相应水环境质量标准的水域。水功能区划的目的是根据区划水域的自然属性，结合经济社会需求，协调水资源开发利用和保护、整体和局部的关系，确定该水域的功能及功能顺序。在水功能区划的基础上，核定水域纳污能力，提出限制排污总量意见，为水资源的开发利用和保护管理提供科学依据，实现水资源的可持续利用。

（19）水体富营养化（Eutrophication）：这是发生在淡水中，由水体中氮、磷、钾含量过高导致藻类突然性过度增殖的一种自然现象，同时也是一种二次污染。通常水的颜色呈现出绿色或蓝色。水体富营养化形成的原因主要是氮、磷、钾等元素排入流速缓慢、更新周期长的地表水体，使藻类等水生生物大量地生长繁殖，使有机物产生的速度远远超过消耗速度，水体中有机物积蓄，破坏水生生态平衡。

（20）纯培养：这指只在单一种类存在的状态下所进行的生物培养。在自然界中，有的培养条件很困难，特别是具有密切共生关系的生物及进行寄生性营养的生物，也有一些在理论上不可能进行纯粹培养的生物。

（21）PCR：聚合酶链式反应简称PCR（Polymerase Chain Reaction），又称多聚酶链式反应。PCR是体外酶促合成特异DNA片段的一种方法，由高温变性、低温退火（复性）及适温延伸等反应组成一个周期，循环进行，使目的DNA得以迅速扩增，具有特异性强、灵敏度高、操作简便、省时等特点。

（22）16S rDNA：这是细菌的系统分类研究中最有用的和最常用的分子钟，存在于所有的生物中，其进化具有良好的时钟性质，在结构与功能上具有高度的保守性；并且其种类少，含量大（约80%），分子大小适中，约1.5kb左右，既能体现不同菌属之间的差异，又能利用测序技术较容易地得到其序列。

（23）分离纯化：有一种以上的微生物培养物称为混合培养物。如果在一个菌落中所有细胞均来自一个亲代细胞，那么这个菌落称为纯培养。得到纯培养的过程称为分离纯化。

（24）内生菌：这是指在其生活史的一定阶段或全部阶段生活于健康动植物各种组织和器官的细胞间隙或细胞内的细菌，可通过组织学方法或从严格表面消毒的植物组织中分离或从植物组织内直接产生扩增出微生物DNA的方法来证明其内生。

（25）氨氮：这指水中以游离氨（NH_3）和铵离子（NH_4^+）形式存在的氮。自然地表水体和地下水体中主要以硝酸盐氮（NO_3^-）为主，以游离氨（NH_3）和铵离子（NH_4^+）形式存在的氮、受污染水体的氨氮叫水合氨，也称非离子氨。非离子氨是引起水生生物毒害的主要因子，而铵离子相对基本无毒。国家标准Ⅲ类地面水，非离子氨氮的浓度≤1mg/L。氨氮是水体中的营养素，可导致水富营养化现象产生，是水体中的主要耗氧污染物，对鱼类及某些水生生物有毒害。

（26）全硬度：这指一类混合物体中各种物体硬度的总和，是水中钙、镁离子的总浓度，其中包括碳酸盐硬度（即通过加热能以碳酸盐形式沉淀下来的钙、镁离子，故又叫暂时硬度）和非碳酸盐硬度（即加热后不能沉淀下来的那部分钙、镁离子，又称永久硬度）。

（27）生物防治：这是利用一种生物对付另一种生物的方法。它利用了生物物种间的相互关系，以一种或一类生物抑制另一种或另一类生物。大致可以分为以虫治虫、以鸟治虫和以菌治虫三大类。它是降低杂草和害虫等有害生物种群密度的一种方法。

（28）农业防治：这指为防治农作物病、虫、草害所采取的农业技术综合措施，调整和改善作物的生长环境，以增强作物对病、虫、草害的抵抗力，创造不利于病原物、害虫和杂草生长发育或传播的条件，以控制、避免或减轻病、虫、草的危害。主要措施有选用抗病、虫品种，调整品种布局，选留健康种苗，轮作，深耕灭茬，调节播种期，合理施肥，及时灌溉排水，适度整枝打杈，搞好田园卫生和安全运输贮藏等。

（29）物理防治：这是利用简单工具和各种物理因素，如光、热、电、温度、湿度和放射能、声波等防治病、虫、害的措施。其包括最原始、最简单的徒手捕杀或清除，以及近代物理最新成就的运用，可算作古老而又年轻的一类防治手段。

（30）植物外植体：植物组织培养中作为离体培养材料的器官或组织的片段。在继代培养时，将培养的组织切段移入新的培养基时，这种切段也称外植体。通常选择生长健壮的无病虫的植株上正常的器官或组织，因为它代谢旺盛，再生能力强。此外，靠近植株的近基部比较易成功。

（31）琼脂糖凝胶电泳：琼脂糖凝胶具有网络结构，物质分子通过时会受到阻力，大分子物质在涌动时受到的阻力大。DNA分子在琼脂糖凝胶中泳动时有电荷效应和分子筛效应。DNA分子在高于等电点的pH溶液中带负电荷，在电场中向正极移动。由于糖-磷酸骨架在结构上的重复性质，相同数量的双链DNA几乎具有等量的净电荷，所以它们能以同样的速率向正极方向移动。

（32）植物内生菌：植物内生菌（Endophyte）是一定阶段或全部阶段生活于健康植物的组织和器官内部的真菌或细菌。普遍存在于高等植物中，木本、草本植物，单子叶植物和双子叶植物内均有内生菌。目前已成为生物防治中有潜力的微生物农药、增产菌或作为潜在的生防载体菌而加以利用。

（33）柑橘木虱：柑橘木虱是柑橘类新梢期的主要害虫，也是柑橘黄龙病的传播媒介。成虫多在寄主嫩梢产卵，孵化出若虫后吸取嫩梢汁液，直至成虫羽化。受害的寄主嫩梢可出现凋萎、新梢畸变等。木虱还会分泌白色蜜露并黏附于枝叶上，从而引起煤烟病的发生。更为糟糕的是，木虱在柑橘黄龙病病株上取食、产卵繁殖，可产生大量的带菌成虫，成虫可通过转移为害新植株而传播黄龙病。

（34）夏梢：5~7月抽生的新梢，称为夏梢。夏梢一般从落花落果枝或者熟的春梢上萌发。结果树夏梢的抽生量随挂果量而定，挂果多的植株几乎不萌发夏梢。由于夏梢抽生时期正值高温多雨季节，生长快，所以梢较长，叶片大而薄。壮旺的植株，能抽生两次夏梢，即早夏梢和晚夏梢。夏梢抽生数量多，会与幼果争夺养分，并引起落果。

（35）辐射降温：夜间，地面以自身的温度向外辐射能量(由于地面温度低所以是长波辐射)而导致的降温称为辐射降温。这是空气本身向外散热使自身温度降低的过程，同时使近地面空气在晚间除受自身辐射冷却外，还受到地面的辐射冷却的双重影响，气温不断降低，由于温度下降，空气温度容易降至零点。

（36）逆温层：逆温层指大气对流层中气温随高度增加的现象的层带。对流层中气温一般随高度增加而降低，但由于气候和地形条件影响，有时会出现气温随高度增加而升高的现象。

（37）黄化：多数植物在黑暗中生长时呈现黄色和其他变态特征的现象。植物在黑暗中不能合成叶绿素，显现出类胡萝卜素的黄色；节间伸长很快；叶片不能充分展开和生长；根系、维管束和机械组织不发达。黄化现象是植物对环境的一种适应。当种子或其他延存器官在无光的土层下萌发时，可使贮存量有限的有机营养物质最有效地用于胚轴或茎的伸长，保证幼苗出土见光。

（38）根系土壤：根系土壤是指受植物根系活动的影响，在物理、化学和生物学性质上不同于土体的那部分微域土区。

（39）抗逆性：植物的抗逆性是指植物具有的抵抗不利环境的某些性状，如抗寒、抗旱、抗盐、抗病虫害等。植物的抗逆性主要包括两个方面：避逆性（Stress Avoidance）和耐逆性（Stress Tolerance）。避逆性指在环境胁迫和它们所要作用的活体之间在时间或空间上设置某种障碍从而完全或部分避开不良环境胁迫的作用；耐逆性包含避胁变性（Strain Avoidance）和耐胁变性（Strain Tolerance）。前者是减少单位胁迫所造成的胁变，具有分散胁迫的作用；后者是忍受和恢复胁变的能力和途径，它又可分为胁变可逆性（Strain Reversibility）和胁变修复性（Strain Repair）。胁变可逆性指逆境作用于植物体后植物产生的一系列生理变化，当环境胁迫解除后各种生理功能迅速恢复正常。胁变修复性指植物在逆境下通过自身代谢过程迅速修复被破坏的结构和功能。概括起来，植物有4种抗逆形式：避逆性、避胁变性、胁变可逆性和胁变修复。

（40）芸香科：芸香科（Rutaceae）是被子植物门、双子叶植物纲、无患子目的一个科。芸香科常绿或落叶乔木、灌木或攀援藤本或草本，全体含挥发油，叶具透明油腺点，植物体内通常有储油细胞或分泌腔。

（41）联防联控机制：各地区统一时间联合开展防控工作，避免某些灾害（如虫灾）的迁移。

（42）抽梢：植物抽梢期的意思是指植物长出新的枝条的时候。根据发生季节的不同，可分为春梢、夏梢、秋梢、冬梢。

（43）无毒苗木：经植物组织培养等方法培养出来的未感染黄龙病的苗木。

（44）虫媒：以昆虫为媒介的一种传播现象。较常见的是通过昆虫传播花粉、疾病等，与之相对应的有虫媒花、虫媒病毒、虫媒传染病。

（45）ELISA：酶联免疫吸附测定（Enzyme Linked Immunosorbent Assay）指将可溶性的抗原或抗体结合到聚苯乙烯等固相载体上，利用抗原抗体结合专一性进行免疫反应的定性和定量检测方法。

社科类名词解释

（1）现代农业：现代农业是指运用现代的科学技术和生产管理方法，对农业进行规模化、集约化、市场化和农场化的生产活动，是以市场经济为导向、以利益机制为联结、以企业发展为龙头的农业，是实行企业化管理、产销一体化经营的农业。从发达国家的传统农业向现代农业转变的过程看，实现农业现代化的过程包括两方面的主要内容：一是农业生产的物质条件和技术的现代化，利用先进的科学技术和生产要素装备农业，实现农业生产机械化、电气化、信息化、生物化和化学化；二是农业组织管理的现代化，实现农业生产专业化、社会化、区域化和企业化。

（2）可持续发展：1987年，世界环境与发展委员会出版的《我们共同的未来》报告中将可持续发展定义为既能满足当代人的需要，又不对后代人满足其需要的能力构成危害的发展。它包括两个重要概念：需要的概念，尤其是世界各国人们的基本需要，应将此放在特别优先的地位来考虑；限制的概念，技术状况和社会组织对环境满足眼前和将来需要的能力施加的限制。

（3）集约化农业：集约化农业是把一定数量的劳动力和生产资料，集中投入到较少的土地上，借助农田基本建设、发展灌溉、增施肥料、改造中低产田、采用农业新技术、推广优良品种、实行机械化作业等方式从单位面积的土地上获得更多的农产品，从而不断提高土地生产率和劳动生产率的农业生产经营方式。

（4）产业融合：产业融合是指不同产业或同一产业不同行业相互渗透、相互交叉，最终融合为一体，逐步形成新产业的动态发展过程。产业融合的方式主要分为三种，即高新技术的渗透融合、产业间的延伸融合和产业内部的重组融合。产业融合有助于推进产业结构优化与发展，提高产业竞争力和推动区域经济一体化。

（5）土地流转：土地流转是指拥有土地承包经营权的农户通过转包、转让、入股、合作、租赁、互换等方式将土地经营权转让给其他农户或经济组织，即保留承包权，转让使用权。土地流转能够有效地改善土地资源配置效率，进一步激活农业剩余劳动力的转移，为农业规模化、集约化、高效化经营提供广阔空间。

（6）赣南油茶：赣南油茶产于江西省赣州市，赣州市现有油茶林230万亩，是江西省油茶主产区之一，也是全国重要的油茶种植区。2010年4月，赣州市将已被抢注的"赣南茶油"商标购回；2011年，"赣南茶油"申报注册国家地理标志证明商标；2013年，各加工、销售企业统一使用"赣南茶油"品牌。通过现代工艺技术，在工艺温度不超过60℃的条件下，生产加工出具有赣南原产地特色风味的"赣南茶油"。

（7）精准扶贫：精准扶贫是粗放扶贫的对称，是指针对不同贫困区域环境、不同贫困农户状况，运用科学有效程序对扶贫对象实施精确识别、精确帮扶、精确管理的治贫方式。一般来说，精准扶贫主要是就贫困居民而言的，谁贫困就扶持谁。

（8）"五统一分"模式：以村、组为单位，由村委会牵头，组建油茶合作社，或由当地3~5人发起组织成立茶油合作社，由林农自愿把各自的林地整合起来，相对集中开发，由农户自己经营和受益，发展油茶生产。

（9）农业经济学：农业经济学是研究农业中生产关系和生产力运动规律的科学，农业经济学是研究农业生产及与其相联系的交换、分配和消费等经济活动和经济关系的学科。其内容包括农业中生产关系发展变化，生产力诸要素的合理组织与开发利用的规律及应用等。

（10）集体林权：集体林权指集体所有制的经济组织或单位对森林、林木和林地所享有的占有、使用、收益、处分的权利。集体林权制度是指法律规定的集体林权制，即法律规定属于集体所有的森林、林木和林地的所有权和使用权。

（11）PEST分析模型：PEST分析是指对宏观环境的分析，宏观环境又称一般环境，是指一切影响行业和企业的宏观因素。对宏观环境因素作分析，不同行业和企业根据自身特点和经营需要，分析的具体内容会有差异，但一般都应对政治（Political）、经济（Economic）、社会（Social）和技术（Technological）这四大类影响企业的主要外部环境因素进行分析。简单而言，称之为PEST分析法。

（12）产品附加值：产品附加值指通过智力劳动（包括技术、知识产权、管理经验等）、人工加工、设备加工、流通营销等创造的超过原辅材料的价值的增加值，生产环节创造的价值与流通环节创造的价值皆为产品附加值的一部分。其中的高附加值产品指智力创造的价值在附加值中占主要比重，具有较高的价值增长与较高的经济效益，商品拥有高额利润。而低附加值产品指智力创造的价值在附加值中占次要比重。产品附加值=产品售价-进入该生产阶段的半成品价格-辅助材料价值。

（13）产业化：产业化是指某种产业在市场经济条件下，以行业需求为导向，以实现效益为目标，依靠专业服务和质量管理，形成的系列化和品牌化的经营方式和组织形式。这一过程包括产业化导入阶段、产业化发展阶段、产业化稳定阶段和产业化动荡阶段四个阶段。

（15）农业集约化：农业集约化是指在一定面积的土地上投入较多的劳动、资金和技术，以期取得较多的单位面积产量，且能减少每单位产品劳动耗费的一种农业经营方式。它以科学技术的不断进步为前提。而农业的粗放经营则与此相反，指在较低的技术水平下，以在一定面积的土地上较少的投入为特征,主要靠扩大种植面积来增加产量。在农业中实行集约经营的必要性和可能性，最初是由土地面积的有限性以及土壤肥力可以依靠科学技术而不断提高的特性所决定的。集约经营可以提高土地利用率和土地生产率，增加农业经营的经济效益，同时避免由于不断扩大耕地面积而带来的生态问题和社会经济问题。

（16）教育扶贫：教育扶贫是指政府在教育资源匮乏地区，尤其是贫困山区进行的教育普及工作、教育硬件和软件设施的建设以及地区文化建设等工作，目的是通过道德思想建设、提高人口素质、强化地区人才培养和储备等措施有力推动当地经济、文化、社会协同发展，形成脱贫的根本动力。

（17）教育经济学：教育经济学指通过研究教育与经济的相互关系及其变化发展规律，研究教育领域中资源的优化配置与投入产出规律的科学。研究重点在于教育领域中稀缺资源的筹措、分配和使用结果，并致力于寻求提高教育资源使用效率和效益的有效途径。

（18）红色旅游：红色旅游主要是以中国共产党领导人民在革命和战争时期建树丰功伟绩所形成的纪念地、标志物为载体，以其所承载的革命历史、革命事迹和革命精神为内涵，组织接待旅游者开展缅怀学习、参观游览的主题性旅游活动。

（19）苏区精神：苏区精神就是党在领导创建、发展和保卫苏区革命实践中形成的伟大革命精神。内涵是坚定信念、求真务实、一心为民、清正廉洁、艰苦奋斗、争创一流、无私奉献。

（20）井冈山精神：井冈山精神诞生于土地革命时期的井冈山根据地。内涵是：坚定不移的革命信念；坚持党的绝对领导；密切联系人民群众的思想作风；一切从实际出发的思想路线；艰苦奋斗的作风。

（21）长征精神：红军指战员在长征途中表现出了对革命理想和事业无比的忠诚、坚定的信念；表现出了不怕牺牲、敢于胜利的无产阶级乐观主义精神；表现出了顾全大局、严守纪律、亲密团结的高尚品德。内涵是不怕牺牲、前赴后继、勇往直前、坚韧不拔、众志成城、团结互助、百折不挠、克服困难、忠诚爱国。

（22）延安精神：延安精神的主要内容是坚定正确的政治方向，解放思想、实事求是的思想路线，全心全意为人民服务的根本宗旨，自力更生、艰苦奋斗的创业精神。

（23）西柏坡精神：西柏坡精神的思想内涵是敢于斗争、敢于胜利的开拓进取精神；坚持依靠群众、坚持团结统一的民主精神；戒骄戒躁的谦虚精神；艰苦奋斗的创业精神。

（24）一带一路："一带一路"（The Belt and Road，缩写B&R）是"丝绸之路经济带"和"21世纪海上丝绸之路"的简称。它旨在借用古代丝绸之路的历史符号，高举和平发展的旗帜，积极发展与沿线国家的经济合作伙伴关系，共同打造政治互信、经济融合、文化包容的利益共同体、命运共同体和责任共同体。

（25）丝绸之路：丝绸之路简称丝路，一般指陆上丝绸之路，广义上讲又分为陆上丝绸之路和海上丝绸之路。

（26）红色教育：红色教育指以红色作为时代精神内涵的象征，务实的落点在于教育，呼唤有志青年忧国忧民、挑战自我、超越自我、挑战极限、奉献社会的崇高精神。同时，革命老区也需要与时俱进，实现跨越式的大发展。红色教育将以红土地教育下一代，以哺育人才建设红土地，在烈士鲜血染红的土地上滋养绿色生命，实现革命老区与人的可持续发展。

致 谢

2017年7~8月，北京理工大学生命学院生态科考队聚焦"一带一路""精准扶贫""红色精神"主题，选定江西、山西和陕西三地作为考察地点，开展生态科考。"饮其流时思其源"，在本书完成之际，谨向此次生态科考中，为生态科考队提供大力支持和帮助的当地政府和相关部门，表示我们最诚挚的问候和最衷心的感谢。

排名不分先后

江西省会昌县西江镇石门村村委会

江西省赣州市农粮局

江西省赣州市教育局

江西省赣州市水利局

江西省赣州市林业局油茶办公室

江西省赣州市柑橘科学研究所

江西省赣州市气象局

江西省安远县果业局

江西省王品农业科技有限公司

江西省寻乌县果业局

江西省富橙果业专业合作社

江西省赣州市寻乌县三标乡三桐村村委会

江西省赣州市寻乌县南桥镇古坑村村委会

山西省吕梁市方山县教育局

山西省吕梁市方山县人民政府

山西省吕梁市方山县劳动和社会保障局

山西省吕梁市方山县峪口镇桥沟村村委会
山西省吕梁市方山县马坊镇杨家沟村村委会
山西省吕梁市方山县积翠乡刘家庄村村委会
山西省吕梁市方山县北武当镇庙底村村委会
山西省吕梁市方山县北武当镇新民村村委会
陕西省延安市水务局
陕西省延安市果业局
陕西省延安市农业局
陕西省延安市安塞区南沟村水保队
延安大学
陕西省延安市宝塔区柳林镇孔家沟村村委会